Zukunft? – ja, nein, weiß nicht?

Zukunft? – ja, nein, weiß nicht?

Peter Schneider

Zukunft? – ja, nein, weiß nicht?

Bibliografische Information der Deutschen Nationalbibliothek: Die Deutsche Nationalbibliothek verzeichnet diese Publikation in der Deutschen Nationalbibliografie; detaillierte bibliografische Daten sind im Internet über http://dnb.dnb.de abrufbar.

© 2018 Peter Schneider

Text:	*Peter Schneider*
Layout:	*Peter Schneider*
Umschlaggestaltung:	*Nina Mührer und Peter Schneider*
Zeichnungen:	*Nina Mührer (die mit den kalten Füßen)[1]*

Herstellung und Verlag: BoD – Books on Demand, Norderstedt

ISBN: 978-3-7481-8547-5

---

[1] siehe Kapitel "Wie der Hummer den Hummer bekämpft"

Für die Zukunft !

Vielleicht.

Was Du nicht willst, das man Dir tu,
das füg' auch keinem ander'n zu.
Das gilt auch für unser'n Planeten,
und kostet alle ein paar Moneten.
Doch dieses Buch hat auch seinen Preis,
und wenn Du Geld hast für so'nen Scheiß...

Inhalt

Was bisher geschah   7

Zukunft – ja, nein, weiß nicht   13

Von Regen und Schwiegermutter   17

Wie der Hummer den Hummer bekämpft   34

Was bringt die Zukunft?   61

Die Tupper-Theorie   74

In dubio pro Tupper   88

Der kollektive SUV   98

Ausweg Elektromobilität?   110

Ökologie versus Ökonomie   126

Und jetzt?   138

Was bisher geschah

Liebe Leserin, lieber Leser,
ich bin selbst äußerst überrascht, dass es dieses Buch gibt. Entstanden ist es aus verschiedenen „ScienceSlams", über deren Existenz ich auch sehr überrascht bin. Daher möchte ich Ihnen und mir zunächst erklären, wie es dazu kam.

Ich habe Maschinenbau an der RWTH Aachen studiert und danach an einem Institut als wissenschaftlicher Mitarbeiter gearbeitet. Mein Forschungsgebiet war die Weiterentwicklung von Herstellungsprozessen für Leichtbaukomponenten aus Kunststoff, die dafür sorgen können, dass Windräder, Autos und Flugzeuge günstiger, leichter und effizienter werden. Sowohl das Studium als auch meine Zeit am Institut blieben im Wesentlichen ohne besondere Vorkommnisse. Bis zu jenem Tag, als das Institut gefragt wurde, ob es einen Redner für einen „ScienceSlam" an der RWTH zur Verfügung stellen könne – also jemanden, der sich abends auf eine Bühne stellt, um Quatsch zu erzählen, garniert mit einigen wissenschaftlichen Erkenntnissen. Glaubwürdige Quellen haben mir zugetragen, dass mein Professor, in Kenntnis meiner üblichen Vortragsart, diese Anfrage innerhalb von Sekundenbruchteilen mit meinem Namen pariert hat. Ob das nun ein Lob meiner bisweilen vorhandenen Eloquenz ist, oder ob er froh war, dass ich meine berüchtigten Gags dann abends konzentriert loswerde, statt sie in meine wissenschaftlichen Vorträgen einzubauen, ist nicht überliefert. Fakt ist aber, dass ich einige Wochen später mit meinem ersten „ScienceSlam" Vortrag auf der Bühne stand und es mir so viel Freude bereitet hat, dass ich viele weitere Vorträge gestaltet habe.

Was genau ist nun ein „ScienceSlam"? Oft werden „ScienceSlams" als Wettstreit der Wissenschaften beschrieben. Wissenschaftler[1] stellen ihren Fachbereich und ihre Haupterkenntnisse in einem Vortrag von wenigen Minuten dem Publikum vor. Am Ende stimmen die Zuhörer per Applaus darüber ab, wessen Vortrag am gelungensten war. Da das Publikum meist nicht nur wissenschaftlich, sondern insbesondere humoristisch interessiert ist, hat derjenige die besten Chancen, bei dem es etwas zu lachen gibt – denn auch wer seine Forschung mit großer Ernsthaftigkeit betreibt, wird hin und wieder über seine Arbeit lachen. Missgeschicke während der Forschung, witzige Erkenntnisse und ein paar Frotzeleien unter Kollegen lassen sich ganz hervorragend in die Vorträge einbauen und sorgen dafür, dass dem Publikum die Wissenschaft weniger fremd und sehr menschlich im Gedächtnis bleibt. Meine Masche war und ist es, ein paar kabarettistische Einlagen in meine Vorträge einzubauen, um die Motivation für meine Forschung aus ökologischer, politischer und gesellschaftlicher Sicht darzustellen. Mein Forschungsgebiet, der Leichtbau – also die Reduktion des Bauteilgewichts bei ähnlicher Leistungsfähigkeit – wird gerne mit dem Ziel der Ressourcenschonung begründet. Leichtere Autos fahren mit weniger Brennstoff, leichte Flugzeuge können mehr Passagiere bei gleichem Verbrauch transportieren, und leichtere Windräder produzieren gleich viel Strom bei geringerem Materialeinsatz. Die Hintergründe und Rahmenbedingungen meiner Forschungen sind daher die Ressourcenschonung und der Klimaschutz. Da ich diese Hintergründe bisweilen interessanter und wichtiger finde als meine eigene Forschung, erläutern viele meiner Vorträge weniger Fachwissen aus dem Maschinenbau, sondern vor allem die

---

[1] Hiermit sind natürlich alle denkbaren Geschlechter gemeint. Der einfachen Lesbarkeit halber beschränke ich mich aber im Text immer auf die männliche Formulierung.

Auswirkungen des Maschinenbaus auf die Natur und das Klima sowie den gesellschaftlichen und politischen Umgang damit.

Jedem Wissenschaftler wohnt der Wunsch inne, seine Erkenntnisse zu verkünden und zu diskutieren. Zur Verkündung eignen sich ScienceSlams ganz hervorragend. Auch die Diskussion ist nach dem Vortrag möglich. Die Wissenschaftler sitzen üblicherweise im Publikum und stehen nach ihrem Vortrag bereit, um Fragen zu beantworten. Das ist umso wichtiger, da in den Vorträgen natürlich Details weggelassen werden. Wer die Erkenntnisse aus teils mehreren Jahren Forschungsarbeit inklusive der Hintergründe und Motivation innerhalb von zehn Minuten vermitteln möchte und dabei noch einige Witze einbaut, muss entweder extrem schnell reden, oder seine Bachelor-, Master- oder Doktorarbeit wesentlich kürzen.

Dieses Buch ist nun der Versuch, meine Vorträge noch weiter zu verbreiten. Und da wir – das liegt in der Natur der (Druck-) Sache – nach der Lektüre nicht wie nach einem ScienceSlam diskutieren können, habe ich teilweise ein bisschen weiter ausgeholt. Sie werden es deswegen nicht innerhalb von zehn Minuten lesen können, sorry. Seien Sie sich aber dennoch bitte im Klaren darüber, dass dieses Buch, genau wie meine Vorträge, nicht alle Tatsachen in der korrekten wissenschaftlichen Tiefe abbildet. Das ist gar nicht mein Anspruch. Ich vereinfache viele Zusammenhänge, stelle nur die wichtigsten Faktoren dar und versuche, die Komplexität auf ein annehmbares Maß zu reduzieren. Ich bin zwar sowohl Deutscher als auch Ingenieur, also von Natur aus eigentlich doppelt kleinkariert. Aber beim Versuch, alle Zusammenhänge aufzuzeigen, müsste ich wahrscheinlich allzu oft Alan Greenspan zitieren mit den Worten „Sollten Ihnen meine Aussagen zu klar gewesen sein, dann

müssen Sie mich missverstanden haben"[1]. Die Vereinfachung führt dazu, dass meine Rechenexempel in den Nachkommastellen oft Fehler aufweisen würden. Daher lasse ich die Nachkommastellen und die Fehler einfach weg. Wissenschaftlich ist das natürlich nicht korrekt, aber zur Darstellung der Größenordnung eines Zusammenhangs ist es dennoch geeignet. Ich lade daher dazu ein, dieses Buch als einen Denkanstoß für eigene Recherchen und Diskussionen zu nehmen. Wie in der Wissenschaft üblich, habe ich die Quellen meiner Recherchen in Fußnoten angegeben (Beispiel siehe oben).[2] Sie können also direkt nachlesen, auf welche Bücher, Artikel, Essays und Kartenspiele ich mich stütze und worauf meine Schlussfolgerungen basieren. Das ist ein Vorteil dieses Buchs gegenüber einem Bühnenauftritt, bei dem wohl die wenigsten die Zeit finden, die Quellen zu prüfen. Kommen Sie doch trotzdem einmal zu einem ScienceSlam, es ist ein ganz anderes Erlebnis als die Lektüre eines Buchs! ~~Ich könnte auch sagen „Nothing compares to Schneider on stage", aber das erscheint mir etwas vermessen. Hinweis an den Verlag: Diesen Satz bitte streichen.~~[3]
Ich bitte Sie zu beachten, dass ich sowohl auf der Bühne als auch als Autor dieses Buchs bisweilen Rollen einnehme, um die Inhalte witzig zu verkaufen. Kabarett und Comedy leben, ganz im Gegensatz zur nüchternen Wissenschaft, von Übertreibungen, Klischees und Ironie. Die Verbindung von Wissenschaft und Witzen ist deswegen so spannend, da es sich eigentlich widerspricht. Objektive Inhalte werden in einem weniger objektiven Umfeld dargestellt. An einigen Stellen – Sie werden

---

[1] M.-U. Kling: Game of Quotes. Gesellschaftsspiel Nr. 692926 des KOSMOS Verlag, 2017
[2] Ich gebe zu, dass das obige Beispiel „Game of Quotes" keine klassische wissenschaftliche Quelle ist. Man muss auch mal kreativ sein bei der Recherche!
[3] Falls dieser Satz nicht gestrichen wurde, habe ich wohl keinen Verlag gefunden. Ein schönes Paradoxon.

selbst merken, wo – verlasse ich sogar *ganz bewusst* die objektive Darstellung und lasse meine persönliche Meinung mit einfließen. Insbesondere wenn es um politisches Verhalten geht, dass Kindergartenkinder vor Neid erblassen ließe, oder wenn Menschen riesige Autos fahren, um mutmaßlich etwas anderes, klitzekleines, zu kompensieren, habe ich nicht die geringste Absicht, objektiv zu bleiben. Bitte verstehen Sie die teils übertriebene Darstellung dabei aber als Satire in meiner Rolle als Slammer oder Autor, nicht als objektive wissenschaftliche Abhandlung.

Noch ein Hinweis an diejenigen, die dieses Buch nach dem Besuch eines ScienceSlams erworben haben und eine direkte Abschrift meines Vortrags erwarten: Dieses Buch ist *keine* direkte Abschrift meiner Vorträge. Ich habe die Themen anders gegliedert, weil sich manche Themen in den Vorträgen überschneiden oder sogar zu widersprechen scheinen. „Wissenschaftlichen Diskurs" kann ich sogar ganz alleine! (Sie merken schon, ich mag Paradoxa.) Die meisten Gags, die Sie von mir gehört haben, sind allerdings in diesem Buch enthalten. Sie mögen aber etwas anders formuliert sein als auf der Bühne, da ich sie im Eifer des Gefechts auf der Bühne vielleicht spontan etwas verändert habe. Außerdem soll Ihnen dieses Buch ja auch noch etwas Neues bieten, und nicht nur eine Transkription sein.

Gewähren Sie mir noch einen letzten Hinweis, dann geht es endlich los. Die Gliederung des Buchs und der Texte funktioniert erst richtig, wenn Sie das Buch von vorne nach hinten lesen und kein Kapitel auslassen oder den Schluss zuerst lesen. Es gibt am Ende des Buchs ein paar Gags, die sich auf den Anfang beziehen. Mir gefällt zum Beispiel besonders die Schlusspointe auf der allerletzten Seite. Die ist ein echter Knaller. Freuen Sie sich jetzt schon drauf! Aber Achtung, Sie laufen Gefahr, diese und andere Pointen nicht zu verstehen, wenn Sie zuerst das Ende lesen. Es gibt sogar Gags, die beim Umblättern einer Seite ihre volle Wirkung mit Wucht entfalten. Das achtlose, schnelle Vorblättern kann Ihnen also in Nullkommanix eine fantastische Pointe versauen. Sie müssen aufpassen wie ein Luchs (oder wie ein Hummer)! Der grundsätzliche Tipp, nicht mit dem Ende zu starten, mag banal klingen, weil es banal ist.

Falls dieses Buch nicht Ihr erstes ist, könnte es auch sein, dass Sie diese Lektion bereits einmal schmerzlich bei einem Krimi oder ähnlichem gelernt haben. Dennoch sei Ihnen dieser Tipp mit auf den Weg gegeben, denn, falls dieses Buch doch Ihr erstes sein sollte, wird er Ihnen nicht nur hier helfen, sondern auch bei allen weiteren Büchern. Es sei denn, sie tragen den Titel „Duden“, „Lexikon“ oder „Telefonbuch der Stadt Bielefeld“[1].

Aber völlig unabhängig davon, ob dieses Buch Ihr erstes, mittleres oder letztes Exemplar eines gebundenen Papierstapels oder E-Books ist, danke ich Ihnen für den Erwerb und wünsche Ihnen eine interessante, lustige und manchmal auch nachdenkliche Lektüre.

Herzlichst

Peter Schneider

---

[1] Manche sehen hierin noch ein Paradoxon, da es Bielefeld gemäß vieler Quellen gar nicht gibt. Googeln Sie das mal, falls Sie es noch nicht wussten!

Zukunft – ja, nein, weiß nicht

„Allem Zukünftigen beißt das Vergangene in den Schwanz" hat bereits Friedrich Nietzsche gesagt.[1] Ich weiß nicht, ob Nietzsche da seine eigenen Erfahrungen gemacht hat, aber ich stelle mir das äußerst schmerzhaft vor. Deswegen lohnt es vielleicht, es sich nicht vollständig mit der Vergangenheit zu verscherzen, wenn man eine schöne Zukunft haben möchte. Diesen Ansatz verfolgen auch die mehr als 15.000 Wissenschaftler, die Ende 2017 eine „Warnung an die Menschheit" unterschrieben haben.[2] Ihre Botschaft: Bereits 25 Jahre zuvor hatten Forscher eine Warnung an die Menschen herausgegeben. Tenor: Es wird zu wenig für den Umweltschutz getan. Nun, 25 Jahre später, schauen die Forscher zurück und bewerten anhand einiger ausgewählter Indikatoren, ob sich die Situation verbessert hat. Oder ob wir weiter Gefahr laufen, dass uns die Vergangenheit à la Nietzsche in den Schwanz beißen könnte. Ergebnis: Nie war unser kollektiver menschlicher Schwanz mehr in Gefahr als heute.

Der Artikel der Wissenschaftler liest sich ein bisschen wie eine Bauanleitung zur Apokalypse. Das Bevölkerungswachstum hält ungehindert an. Die in vielen Teilen der Welt sehr schlechte Trinkwasserversorgung bremst das Wachstum zwar minimal, aber das kann wohl kaum positiv gewertet werden. Apropos Wasser: Die Anzahl sauerstoffarmer Todeszonen in den Ozeanen hat unter anderem durch den Eintrag von Dünger und Erdöl um 75 % zugenommen. Das dürften viele Fischbestände

---

[1] Friedrich Wilhelm Nietzsche: Fragmente - Juli 1882 bis Herbst 1885, Band 4

[2] https://academic.oup.com/bioscience/article/67/12/1026/4605229, 21.12.2017 sowie
http://www.spiegel.de/wissenschaft/mensch/umweltschutz-15-000-forscher-unterschreiben-warnung-an-die-menschheit-a-1177754.html, 17.11.2017

allerdings nicht mehr zur Kenntnis nehmen, da sie nicht mehr existieren. Sie folgen damit einem allgemeinen Trend an Land und im Wasser. „Aussterben" scheint im Moment ungemein hip zu sein und war das Hobby von fast einem Drittel aller Wirbeltier-Arten seit 1992. Damit haben wir das Tempo, mit dem Arten aussterben, von der natürlichen Rate um den Faktor 1.000 bis 10.000 erhöht – das reicht fast an die Bedingungen heran, unter denen die Dinos einst den Planeten verließen.[1] Konsequenterweise wurden die nicht mehr benötigten Lebensräume vieler Landtierarten, Wälder, um 120 Millionen Hektar dezimiert. Das dort gespeicherte Kohlenstoffdioxid (CO_2) hat sich dabei weitestgehend in Luft aufgelöst und ist gemeinsam mit dem Erdöl, welches nicht ins Meer, sondern in Verbrennungskammern geleitet wurde, in die Atmosphäre geströmt. Ergebnis: ein weltweiter Anstieg der CO_2 Emissionen um 62 % seit 1992.

Es gibt also ein paar gute Gründe, Angst vor dem Biss in den Schwanz zu haben. Doch statt substanzielle Änderungen anzustreben, kneift die Menschheit eben jenen Schwanz ein und macht weiter wie bisher. Ich bin kein großer Freund religiöser Zitate, aber aus meinem Religionsunterricht in der Grundschule ist immerhin hängen geblieben, dass laut Mose der Auftrag an die Menschheit lautet „Seid fruchtbar und … herrscht über die Fische im Meer … und über alles Getier, das auf Erden kriecht."[2] Er lautet nicht „Seid furchtbar zu den Fischen im Meer und zu allem Getier", und mir wäre auch keine Ausgabe der Bibel mit einem entsprechenden Übersetzungsfehler bekannt. Ergo: Wer die Bibel befolgen möchte, sollte schauen, dass er auch zukünftig noch ausreichend Fische und Getier

---

[1] K. Jacob: Die sechste Katastrophe.
http://www.sueddeutsche.de/wissen/massenaussterben-die-sechste-katastrophe-1.2108160-2; 17.01.2018
[2] Mose 1:28, Die Bibel

findet, über die er herrschen kann. Und alle anderen sollten dies aus Sorge um den Schwanz tun.

Apropos Grundschulwissen: Kennen Sie früher aus der Schule diese Liebesbriefe zum Ankreuzen? „Willst Du mit mir gehen? ja, nein, weiß nicht" Nehmen wir einmal an, die Erde würde das Stockholm-Syndrom[1] zeigen, und uns einen solchen Liebesbrief schreiben. „Willst Du mit mir in die Zukunft gehen? ja, nein, weiß nicht" Intuitiv würden wir natürlich „ja" ankreuzen wollen, wie damals in der Schule. Unser Verhalten zeigt allerdings, wohlwollend betrachtet, ein gleichgültiges „weiß nicht". Und, wenn wir ehrlich sind, müssten wir eigentlich konsequenterweise „nein" ankreuzen.

Ich möchte, dass wir nicht in den Schwanz gebissen werden und „ja" ankreuzen. Deswegen beleuchte ich in meinen Vorträgen und damit auch in diesem Buch immer wieder Themen, die auch in der „Warnung an die Menschheit" auftauchen. Insbesondere den Ressourcenverbrauch und die Auswirkungen des menschlichen Energiehungers auf das Klima betrachte ich dabei ausführlich. Allerdings möchte ich mit diesen komplexen Themen nicht starten. Das kommt später und wird noch lustig genug.[2] Nein, starten werden wir mit einem viel greifbareren, praktischen Phänomen, das jeder von Ihnen kennt – schlechtes Wetter! Wenn Sie also keine Lust haben auf „anthropogenen Klimawandel" und weitere schlechte Nachrichten, können Sie wenigstens das nächste Kapitel noch lesen. Das darin erworbene Wissen können Sie zum Beispiel in Smalltalk-Situationen

---

[1] Das Stockholm-Syndrom beschreibt, dass ein Opfer mit seinem Peiniger sympathisiert. Bekannt aus „James Bond: The World is not enough". Mir jedenfalls, Sie können es aber auch bei Wikipedia nachlesen.

[2] Dieser Satz ist vollständig satirisch gemeint. Wenn Sie ihn so verstanden haben, werden Sie viel Spaß mit diesem Buch haben. Falls nicht, könnte es nach dem nächsten Kapitel eine anstrengende und aufreibende Lektüre werden.

nutzen, ohne Klima oder Schwanz retten zu wollen. Und wenn Sie mit dem Smalltalk Erfolg haben und die Zukunft (und den entsprechenden Schwanz) etwas mehr wertschätzen, dann können Sie ja immer noch weiterlesen.

Von Regen und Schwiegermutter

Sie kennen das – mit großen Erwartungen starten Sie in einen Urlaub. Sie haben Reiseführer gelesen, Ihren Eltern und Freunden davon erzählt, und sogar Ihre Freundin oder Ihren Freund in die Urlaubspläne eingeweiht. Manche gehen ja so weit, dass sie gar erwägen, ihren Partner mit in den Urlaub zu nehmen.

So weit bin ich selten gegangen. Und so kam es, dass ich mich im Sommer 2017 auf einen Segelurlaub in den Niederlanden freute. Alleine, aber ich hatte allen davon erzählt. Die Erwartungen der Eingeweihten fasse ich höchst subjektiv so zusammen:

Erwartungen an meinen Urlaub

In Reimform könnte ich diese unterschiedlichen Erwartungen so formulieren:

> Südseefeeling kommt in Holland schnell,
> wer braucht schon Reggae; hier gibt's Frikandel!
> Und gibt's mal einen Tag Wetterschmuddel,
> hilft Instant-Karibik aus der Buddel!
> Bei Sonne kann man Gästen Aufmerksamkeit schenken
> und den Anker in einsamen Buchten versenken.

Allerdings entsprechen die Erwartungen selten der Realität. Auch meine Realität sah etwas anders aus…

Realität meines Urlaubs

Oder in Reimform:

> Doch die meisten Erlebnisse muss ich missen –
> das Wetter war einfach zu beschissen.

Hätt' ich für jeden Regentag einen Bacardi genommen,
ich hätte den Amy-Winehouse-Preis[1] bekommen.

Erinnern Sie sich noch an den Juli 2017? Den „Sommermonat"? Ich habe es nachrecherchiert, im Juli 2017 fielen in Deutschland im Durchschnitt etwa 130 Liter Regen pro Quadratmeter[2]! 130 Liter! Das sind umgerechnet etwa 260 Weizen oder sogar 650 Kölsch. Wer mag da noch von einem Segelsommer sprechen? Das Wort „Pegelsommer" beschreibt es deutlich besser; ein Sommer, in dem man sich besser mit den oben genannten 650 Kölsch betrinkt (für

Nicht-Kölner ein weiteres Paradoxon). Mal ehrlich: Das gute Abschneiden der Partei „AfD" bei der Bundestagswahl im September 2017 lässt sich doch nur damit erklären, dass die Deutschen am Ende des Sommers zumindest ein bisschen braun werden wollten!
Wie kam es zu diesem verregneten Sommer? Klimawandel? Oder gehört Regen einfach zu einem Sommer bei uns dazu? Das wollte ich wissen.
Eine adäquate Maßnahme, um herauszufinden, ob ein verregneter Juli „normal" ist, wäre die Lektüre meteorologischer

---

[1] Ältere Leser dürften hier statt „Amy Winehouse" gerne „Harald Juhnke" oder den Namen eines anderen bekannten Alkoholikers einsetzen.
[2] Gemäß dem Deutschen Wetterdienst: H. Kehrer: Deutschlandwetter im Juli 2017:
http://www.wetterdienst.de/Deutschlandwetter/Thema_des_Tages/27 83/deutschlandwetter-im-juli-2017; 19.12.2017

Jahrbücher oder die Befragung von Experten. Für einen ScienceSlam fand ich es allerdings viel lohnender, in der Musikgeschichte nach Hinweisen auf verregnete Sommer zu suchen. Ich war verblüfft, in wie vielen Klassikern Regen tatsächlich ein Thema ist. Hier eine kleine Auswahl:

- 1963 veröffentliche Bob Dylan seinen Song „A Hard Rain's a-Gonna Fall"[1]
- 1975 sang sich Rudi Carrell mit „Wann wird's mal wieder richtig Sommer?" in die deutschen Hitparaden[2]
- 1984 war wohl für die britischen Eurythmics ein verregnetes Jahr: „Here comes the rain again"[3]

Nun könnte man natürlich unterstellen, dass es sich hier um rein fiktive Texte handelt oder zukünftige Ereignisse beschrieben sind. Könnte Bob Dylan beispielsweise bereits 42 Jahre vor Auftreten von Hurrikan Kathrina die Einwohner von New Orleans versucht haben zu warnen? Hat Bob Dylan dafür nicht sogar 2016 einen Nobelpreis für Meteorologie erhalten? Folgerichtig hätten die Eurythmics dann vor Hurrikan Irma gewarnt? Nein, alles Quatsch. Das wird spätestens klar, wenn man sich Rudi Carrells Werk anschaut, in dem es heißt:

„Wann wird's 'mal wieder richtig Sommer,
ein Sommer, wie er früher einmal war?
Ja, mit Sonnenschein von Juni bis September,
und nicht so nass und so sibirisch wie im letzten Jahr."

Übrigens, wer die Platte von Rudi Carrell im Schrank stehen hat, möge sich noch einmal das Cover anschauen. Dort hat Rudi nämlich direkt sein persönliches Rezept gegen verregnete

---

[1] https://en.wikipedia.org/wiki/A_Hard_Rain%27s_a-Gonna_Fall; 19.12.2017
[2] http://www.zeit.de/news-082011/7/wannwirdsmalwiederrichtigsommer; 19.12.2017
[3] https://de.wikipedia.org/wiki/Here_Comes_the_Rain_Again; 19.12.2017

Sommer abgedruckt, in Form des Titels der B-Seite: „Heul nicht!" Et kütt wie et kütt und et hätt noch emmer joot jejange! Aber woher kannte Rudi Carrell die Wettervorhersage für Juli 2017? Unmöglich, es muss also bereits in den 60er, 70er und 80er Jahren verregnete Sommermonate gegeben haben.

Die Erkenntnis lautet also: „Schietwetter" gab es immer schon; mit dem Klimawandel hat das zumindest nichts zu tun. Schlechtes Wetter gibt es nämlich per Definition sogar bereits länger als das Klima: Das Klima bezeichnet das über einen langen Zeitraum (üblicherweise 30 Jahre) gemittelte Wetter. 30 Jahre Wetterbeobachtung sind daher eine Voraussetzung für die Beschreibung des Klimas. 2005 hätte Rudi Carrell daher konsequenterweise sein Lied umschreiben müssen, um nach 30 Jahren aus dem Wetter-Lied ein Klima-Lied zu machen. Da er das nicht getan hat, folgere ich, dass er wirklich nur das Wetter 1975 kritisiert hat und nicht das Klima. Daher möchte ich einmal betrachten, welche Faktoren sowohl 1975 als auch heute noch für unser Wetter maßgeblich sind.

Wir leben in den so genannten gemäßigten Breiten,[1] welche üblicherweise zwischen zwei verschiedenen Luftmassen liegen. Luftmassen sind große Mengen an Luft mit einigermaßen einheitlichen Eigenschaften wie Temperatur oder Luftfeuchte.[2] Das schauen wir uns mal genauer in einem Diagramm an. Vorsicht, jetzt wird es ein bisschen theoretisch. Zumindest für diejenigen, die (noch) keine Thermodynamik-Vorlesungen gehört haben oder dabei fest geschlafen haben. Falls Sie zu letzterer Gruppe gehören, könnten Sie während des folgenden Absatzes wie gewohnt sanft einschlummern – treffen Sie dann bitte entsprechende Vorsichtsmaßnahmen (heißen Kaffee wegstellen,

---

[1] Man darf sich dabei durchaus fragen, was an 650 Kölsch pro Quadratmeter gemäßigt ist.
[2] H. Schultz; W. Stein: Wetterkunde für Wassersportler. Delius Klasing Verlag, 2009.

Wecker für morgen früh stellen, etc.). Falls Sie am Ende des Absatzes noch wach sein sollten, werte ich das als Lob für meine Erklärung.

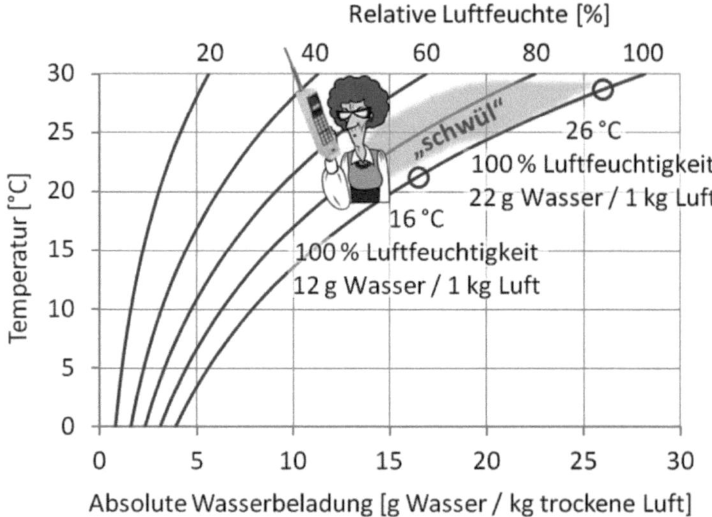

Zusammenhang von Temperatur, relativer Luftfeuchte, absoluter Wasserbeladung und Schwiegermutter[1]

Das Diagramm zeigt den Zusammenhang von Temperatur, relativer Luftfeuchte und absoluter Wasserbeladung (und Schwiegermutter, dazu kommen wir am Ende). Zwei der Grö-

---

[1] Diagramm erstellt nach K. Lucas: Thermodynamik: Die Grundgesetze der Energie- und Stoffumwandlungen. 5. Auflage. Springer Verlag, 2005. sowie K. Thielen: Skript Thermodynamik, Ausgabe WS 2011/2012, zum Download unter https://www.thm.de/wi/478-persoenliche-seiten/thielen-knut-72/2832-downloads-thermodynamik-u-energiewandlung-master-studiumplus; 05.01.2018. Die Schwiegermutter sucht man in den oben genannten Quellen allerdings vergeblich – sie ist meine Erfindung (also diese spezielle Schwiegermutter hier, nicht die Schwiegermutter an sich – bitte keine Schuldzuweisungen!)

ßen sind Ihnen sicher geläufig – die Temperatur der Luft spüren wir permanent auf der Haut, und die (relative) Luftfeuchte entscheidet darüber, wie angenehm wir diese Temperatur empfinden. Nehmen wir die Sauna als Beispiel: Hohe Temperaturen lassen sich über eine gewisse Zeitspanne gut ertragen, weil wir durch Schwitzen unsere Körpertemperatur regulieren können. Der Schweiß verdunstet von unserer Haut und kühlt uns dabei. Die Voraussetzung für die Verdunstung ist, dass die relative Luftfeuchte bei unter 100 % liegt, d.h. die Luft in der Lage ist, Feuchtigkeit (Wasser) aufzunehmen. Nach einem Aufguss steigt die relative Luftfeuchte auf 100 % – erkennbar am Nebel in der Sauna – und unser Schweiß verdunstet nicht mehr. Wann diese Grenze, also eine Luftfeuchte von 100 %, erreicht ist, hängt von verschiedenen Faktoren ab, insbesondere von der Temperatur. Die Fähigkeit der Luft, Wasser aufzunehmen, erhöht sich mit der Temperatur, und sinkt wieder, wenn die Temperatur abnimmt. Zur Erläuterung dieses Phänomens verlassen wir die Sauna und schauen uns ein Auto mit beschlagenen Scheiben an. Eine der berühmtesten Filmszenen aus dem Epos „Titanic" beruht auf einem Auto mit beschlagenen Scheiben. Erinnern Sie sich? Die Szene zeigt ein zeitgenössisches Auto mit beschlagenen Scheiben im Laderaum der Titanic, als plötzlich die Hände der Hauptdarsteller Kate Winslet oder Leonardo DiCaprio an die Scheibe patschen. Warum die beiden im Auto sind, und warum darin ein feucht-heißes Klima herrscht, können Sie sich vielleicht auch ohne Kenntnis der genauen Szene denken. Das hat entfernt auch mit der Schwiegermutter zu tun. Allerdings nicht mit der aus dem Diagramm, die kommt später. Der Grund für das Beschlagen der Scheiben ist allerdings rein physikalischer Natur. An der Scheibe kühlt sich die feucht-heiße Luft ab und verringert ihre Speicherfähigkeit für Wasser, weshalb das Wasser an der Scheibe auskondensiert. Dieser Vorgang, das Auskondensieren von Wasser aus feuchter Luft, passiert, wenn mehr als 100 %

Luftfeuchte erreicht werden, also im Diagramm die 100 %-Linie nach unten bei einer Abkühlung überschritten wird. Im Diagramm wird der relativen Luftfeuchte die absolute Wasserbeladung gegenüber gestellt, d.h. die Menge an Wasser (in Gramm), die in einem Kilogramm Luft gelöst werden kann. Damit Sie eine grobe Vorstellung haben: Ein Kilogramm Luft nimmt ein Volumen von etwa 0,83 Kubikmetern ein (bei üblichen Temperaturen und Luftdruck). Dieses Kilogramm Luft kann bei einer Temperatur von 16 °C eine Menge von 12 g Wasser aufnehmen, dann erreicht es eine Luftfeuchte von 100 %. Bei einer Temperatur von 26 °C hingegen, kann die gleiche Menge Luft bereits 22 g Wasser aufnehmen. Zur Anschauung: Ein 16 Quadratmeter (vier mal vier Meter) großes Schlafzimmer mit einer Höhe von zweieinhalb Metern und einem entsprechenden Volumen von 40 Kubikmetern kann in einer heißen Sommernacht bei 26 °C ungefähr ein Kilogramm Wasser in der Luft enthalten (22 g pro 0,83 Kubikmeter Luft). Wenn Sie also in einer heißen, schwülen Sommernacht zum Durstlöschen zu einer Einliter-Flasche auf dem Nachttisch greifen, bedenken Sie, dass etwa diese Menge Wasser in der Luft dafür sorgt, dass Sie Durst haben. Falls Sie meinen, dass bei dem Stichwort „heiße Sommernacht" nun die Schwiegermutter ins Spiel kommt – weit gefehlt! Bitte gedulden Sie sich noch ein wenig und bremsen Sie Ihre Fantasie. Ich hole noch etwas weiter aus: Eine Temperatur von 26 °C im Schlafzimmer bei 100 % Luftfeuchte würde uns wahrscheinlich schlaflose Nächte bereiten. Diese Bedingungen, hohe Temperaturen und hohe Luftfeuchtigkeit, nennen wir im Volksmund „Schwüle". Tagsüber würde uns schwüle Hitze ins Freibad treiben. Und – viele kennen das – meist kurz bevor man das Haus mit Handtuch und Flip-flops verlässt, ruft *Schwiegermutter* an und klagt ihr Leid, dass es furchtbar heiß sei und man kaum vor die Tür könne. Mein Tipp: Nicht die gute Freibad-Laune verderben lassen, sondern ruhig bleiben und gemütlich weiterschlendern.

Und bloß nicht durchscheinen lassen, dass das eigene Haus über eine Klimaanlage verfügt, denn das kann ungeahnte Folgen haben, wie wir im weiteren Verlauf sehen werden. Zunächst aber merken wir uns die wichtige Erkenntnis aus dem Diagramm: Je wärmer die Luft ist, desto mehr Wasser kann sie speichern. Und wenn warme, feuchte Luft sich abkühlt und eine relative Luftfeuchtigkeit von 100 % erreicht, kondensiert das überschüssige Wasser aus.

Zurück zu unseren unterschiedlichen Luftmassen. Unser Wetter wird üblicherweise beeinflusst von der Polarluft im Norden und der Tropikluft im Süden. Polarluft ist kühl und bringt entsprechend wenig Feuchtigkeit mit – sie ist ja nicht in der Lage, viel zu speichern. Tropikluft hingegen ist wärmer und entsprechend mit mehr Wasser beladen. Diese zwei Luftmassen trennt die so genannte „Polarfront", die der norwegische Meteorologe Bjerknes seinem Modell der „Ideal-Zyklone" zugrunde gelegt hat.[1] Die Polarfront wird durch eine Linie mit Spitzen und Halbkreisen dargestellt, die sie vielleicht aus der Wetterkarte kennen. Die Tropikluft im Süden „sieht" die Polarluft auf sich zukommen, die spitz wie kalte Eiskristalle an die Front geflogen kommt – deswegen die Spitzen in Richtung der Tropikluft. Die Polarluft „sieht" hingegen die warme Tropikluft, die anschmiegsam und angenehm auf sie zu wabert – deswegen die Halbkreise. Diese Erklärung ist zwar Quatsch, bildet aber eine schöne Eselsbrücke für zukünftige Wetterkarten. Da können Sie Ihre Bekannten oder Ihr Smalltalk-Date mit Ihrem Wissen beeindrucken.

---

[1] H. Schultz; W. Stein: Wetterkunde für Wassersportler. Delius Klasing Verlag, 2009.

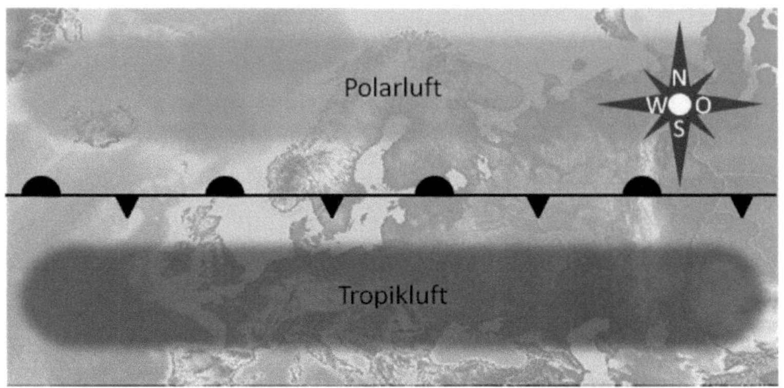

Schematische Darstellung der stationären Polarfront zwischen Polarluft und Tropikluft (nach Bjerknes)

Die Polarfront ist die langweiligste Front, die Sie je gesehen haben. Falls Sie als Soldat mal eingezogen werden und die Wahl haben, an welcher Front Sie kämpfen wollen, entscheiden Sie sich für die Polarfront! Hier tut Ihnen normalerweise niemand etwas. Sowohl Polarluft als auch Tropikluft haben ihr gewohntes Revier. Die Territorien sind bekannt und klar abgesteckt und niemand will seine Komfortzone verlassen. Im Prinzip funktioniert die Polarfront wie eine Ehe nach einigen Jahren! Stellen Sie sich vor, die Polarluft im Norden wäre der Ehemann – nennen wir ihn Erwin – etwas unterkühlt, gelangweilt und zurückgezogen. Und im Süden, etwas temperamentvoller und emotionaler, die Ehefrau Cora. Zwischen den beiden verläuft als unsichtbare Grenze die stationäre Front, an die sich beide halten, um Zusammenstöße zu vermeiden.

Plötzlich passiert etwas Unerwartetes. Es ist schwül draußen – und natürlich ruft Coras Schwiegermutter an. Wie Schuppen fällt es Cora von den Augen – sie hat es beim letzten Telefonat vergeigt und Schwiegermutter von der neuen Klimaanlage erzählt. Was hatte ich eben gesagt? Beschweren Sie sich bitte nicht, falls Ihnen das mal passiert, ich habe Sie gewarnt. Nun kündigt Schwiegermutter an, sie wolle die heißen Tage bei

Cora und Erwin verbringen und die Klimaanlage testen. Diesen Umstand würde Bjerknes eine beginnende Wellenbildung nennen, denn wenn Schwiegermutter sich ankündigt, sorgt das wohl immer für Wellen!

Beginnende Wellenbildung nach Bjerknes mit Cora, Erwin und der erwarteten Schwiegermutter

Intuitiv merkt Cora, wie sich die Front um sie zuzieht. Erwin fühlt seine Position durch die baldige Ankunft seiner Mutter gefestigt. „Wann hast Du mich denn das letzte Mal gelobt?" stichelt er. Schließlich kommt, was (oder wer) kommen muss, nämlich Schwiegermutter.

Wellenstörung nach Bjerknes

Nach Schwiegermutters Ankunft wächst sich die Wellenbildung zu einer satten Wellenstörung aus. „Wann hast Du meinen Sohn denn zum letzten Mal gelobt?" fragt Schwiegermutter. „Er schuftet jeden Tag, nur damit Du es gut hast!" – „Wenn schuften Biertrinken heißt…" will Cora noch entgegnen, doch solche Argumente dringen zu Schwiegermüttern im Allgemeinen nicht durch. Sie merkt, wie sich die Front hinterrücks nähert und versucht im Gegenzug die Flucht nach vorne. Sie versucht, nach Norden vorzudringen.

Wir sollten bei aller Emotionalität nicht vergessen, dass unsere beiden Ehepartner Luftmassen symbolisieren. Und Luftmassen bewegen sich nicht auf einer Scheibe, sondern auf der kugelförmigen Erdoberfläche.[1] Und diese Erdkugel rotiert auch noch sehr schnell!

Jeder, der einmal an Nord- oder Südpol war, weiß: Dort befinden sich die dicken Stangen, auf denen die Erde aufgespießt ist, und an denen sie rotiert. Die Umfangsgeschwindigkeit der

---

[1] Falls Sie glauben sollte, die Erde sei eine Scheibe, verschenken Sie dieses Buch bitte und vergessen es. Und unternehmen Sie um Himmels Willen keine Weltumsegelung, Sie würden an der Kante herunter fallen!

Erdoberfläche an den Polen[1] ist daher relativ gering. Wir befinden uns ja direkt neben der Stange. Am Äquator hingegen, wo die Erde am dicksten ist (und Erwin übrigens auch), bewegt sich die Oberfläche mit mehr als 1.600 Kilometern pro Stunde! Und damit auch die Luftmassen, die mit rotieren. Verschiebt sich die Luftmasse „Cora" nun von Süden nach Norden, bringt sie ihre hohe Geschwindigkeit vom Äquator mit, und wird in Richtung der Erdrotation – nach rechts – abgelenkt. Diese scheinbare Kraft, die eine Luftmasse auf einmal zur Seite sausen lässt, wird in der Mechanik „Corioliskraft" genannt. Sie ist der Grund dafür, dass Tiefdruckgebiete (die sich immer um Schwiegermütter bilden) auf der Nordhalbkugel immer entgegen dem Uhrzeigersinn rotieren.

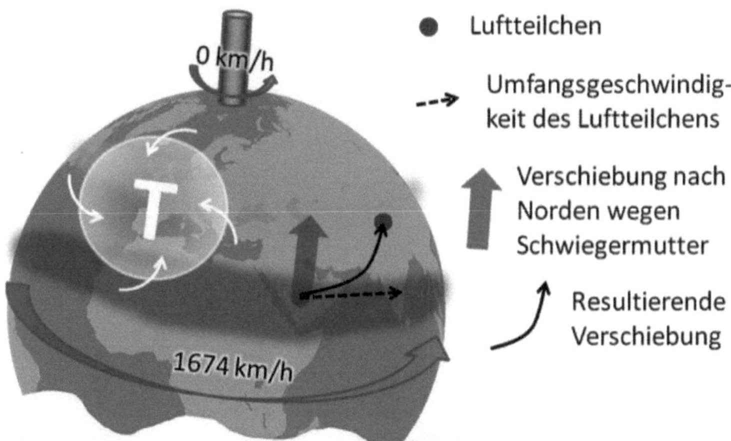

Ablenkung von Luftteilchen durch den Einfluss der Corioliskraft bei einer Verschiebung von Süden nach Norden

[1] Bitte nicht verwechseln: „an den Polen" und „in Polen" sind zwei verschiedene Dinge. Wenn das Eis in Polen schmilzt, ist das weniger dramatisch, als wenn das Eis am Pol schmilzt. Wenn das Eis im Pool schmilzt, beginnt übrigens bald die Badesaison.

Das Prinzip der Corioliskraft kann man sich an einer Tänzerin verdeutlichen, die zur Pirouette ansetzt: Sie holt weit außen (am Äquator) Schwung, indem sie das Bein ausstreckt. Je näher sie das Bein an den Körper zieht, desto mehr zieht sie von der hohen „Äquator-Geschwindigkeit" in Richtung ihrer Drehachse, weswegen sie immer schneller wirbelt. Auch hier ist die Ursache die Corioliskraft.

Tänzerin, die vielleicht gleich zur Pirouette ansetzt. Wer hier Schwiegermutter assoziiert, hat eine lebhafte Fantasie. Sprechen Sie in diesem Fall vielleicht besser mit einem Therapeuten, auf gar keinen Fall mit der Schwiegermutter.

Doch zurück zur Schwiegermutter und dem Tiefdruckgebiet. Die Luft wird langsam dünn für Cora, denn Schwiegermutter und Erwin nehmen ihr langsam die Luft zum Atmen. Erwin stichelt „Nie bringst Du mir mal ein Bier, wenn ich Champignons League schaue!" und Schwiegermutter legt nach mit dem ultimativen Tiefschläger „Erwin, hättest Du damals mal die Lisbeth geheiratet. Aber die ist jetzt mit Henne liiert." Cora bleibt nur noch die Flucht vor den beiden auf den Dachboden. Dort kommt Schwiegermutter nicht so schnell hin, da sie Knie hat.

Voll entwickelte Zyklone nach Bjerknes – aber wer ist Lisbeth?[1]

Wie Cora bleibt der warmen und feuchten Luft auch nur die Flucht nach oben – sie steigt auf. Was passiert, wenn Luft aufsteigt? Die Frage kann jeder beantworten, der einmal mit dem Flugzeug in den Sommerurlaub geflogen ist, in freudiger Er-

---

[1] Zur Lösung schaue man sich den Film „Kein Pardon" von und mit Hape Kerkeding an!

wartung von 30 °C und Sonnenschein. Ungläubig starrt man auf die vereisten Fenster des Flugzeugs und die Anzeige des Thermometers: -30 °C ?! Vorzeichenfehler? Nein, die Temperatur der Luft nimmt innerhalb der unteren Atmosphäre mit steigender Höhe ab, insbesondere in der wetterrelevanten Troposphäre. Daher kann es durchaus sein, dass 10 km unter dem Flugzeug, auf der Erdoberfläche, die Temperatur um 60 °C höher ist als in der Reiseflughöhe – der Urlaub ist gerettet! Eigentlich… Aber gerade passiert ja Folgendes: Die feuchte Luft steigt von unten auf, weil sie wie Cora in die Enge gedrängt wird. Dabei kühlt sie sich ab – ähnlich wie Cora sich mit zunehmendem Abstand zu Erwin und Schwiegermutter abregt. Allerdings haben wir eben auch gelernt, was passiert, wenn Luft sich abkühlt. Ihre Fähigkeit, Wasser zu speichern, reduziert sich! Irgendwann wird die relative Luftfeuchte von 100 % überschritten, und Wassertröpfchen kondensieren aus. Es bilden sich Wolken. Und sobald die Aufwärtsbewegung der Luft nicht mehr ausreicht, um diese Wassertröpfchen in der Schwebe zu halten, fallen diese in Massen auf die Erde.

Mit anderen Worten: Während die Coras dieser Welt sich abregen, werden die Wolken dieser Welt sich abregnen. Eine schöne Analogie, aber auch eine sehr gemeine, da sie meinen Segelsommer zum Pegelsommer macht. Statt Südseefeeling bleibt mir nur, bei 650 Kölsch auf meinem Segelschiffchen zu sitzen und über Szenen aus „Titanic“, Rudi Carrell und Schwiegermütter nachzudenken. Und weil das im Sommer 2017 so häufig war, habe ich daraus einen ScienceSlam gemacht.

Mit dem Klima hat ein verregneter Sommer wenig zu tun. Häufiger Regen, Starkregen oder andere extreme Wetterlagen kommen und gehen wie die Hits von Bob Dylan, Rudi Carrell und den Eurythmics. Allerdings können wir die Lektion, dass warme Luft mehr Wasser enthalten kann, durchaus auf die gesamte Troposphäre ausdehnen: Eine wärmere Troposphäre besitzt zumindest das Potenzial, mehr Wasser zu speichern und als Regen abzuwerfen. Und erschwerend kommt hinzu: Beim Auskondensieren des Wassers wird so genannte „latente" Energie frei, so dass mehr Wasserbeladung direkt auch mehr Energie bedeutet.[1] Das ist nichts anderes als der umgekehrte Effekt des Schwitzens: Beim Schwitzen (zum Beispiel in der eingangs erwähnten Sauna) verdunstet Wasser und kühlt uns dabei. Beim umgekehrten Vorgang, dem Auskondensieren von gasförmigem Wasser in flüssige Tropfen, geschieht das Gegenteil: Es entsteht Wärme, „latente" Energie.

Latente Energie ist leider keine sehr *patente* Energie, da sie für uns kaum nutzbar ist. Im Gegenteil, denn die Troposphäre geht mit dieser Wärme ausgesprochen kindisch um. Statt sie den energiehungrigen Menschen zu spenden, macht sie daraus Stürme, Gewitter und Unwetter. Diese müssen nicht unbedingt häufiger kommen als in einem kälteren Klima, aber sie haben potenziell mehr Energie dabei. Heißt für Cora: Schwiegermutter kommt vielleicht nicht häufiger, aber dafür mit mehr Wumms! Was würden Sie an Coras Stelle tun? Sie haben zwei Möglichkeiten, um die Auswirkungen unter Kontrolle zu halten: Entweder Druck auf Industrie und Politik ausüben, um sinnvolle Maßnahmen zum Klimaschutz zu ergreifen. Oder Erwin öfter ein Bier holen, um ihn und seine Mutter gnädig zu stimmen. Was klingt besser?

---

[1] Beide Phänomene kann man sich durch meteorologische oder thermodynamische Lehrbücher anlesen, oder alternativ von Harald Lesch und Mojib Latif erklären lassen: zukunfterde: „Ist der Klimawandel noch zu bremsen?",
https://www.youtube.com/watch?v=c9mDub8c954; 10.01.2018

Wie der Hummer den Hummer bekämpft

Fast ohne es zu merken sind wir am Ende des letzten Kapitels vom Wetter zum Klima bzw. zum Klimawandel gerutscht. Bevor wir hier weiter machen, sollten wir erst klären, wie unser Klima eigentlich zustande kommt, und wie der Mensch in das Klimageschehen eingreift.

Zunächst vorweg: Die Durchschnittstemperatur auf der Erde schwankt seit eh und je, weswegen der Begriff „Klimawandel" irreführend ist. Das einzig Beständige am Klima ist der Wandel. Allerdings können wir heute differenzieren, welche Veränderungen natürlich bedingt sind (üblicherweise elendig langsam) und welche vom Menschen ausgelöst werden (sehr, sehr schnell!). Letzteres nennen wir „anthropogenen" Klimawandel.[1]

Für mich ist das Symbol schlechthin für den anthropogenen Klimawandel: der Hummer. Manche mögen meinen, es sei das schmelzende Eis auf Grönland oder ein darauf verhungernder Eisbär. Für mich allerdings steht fest, dass es nur der Hummer sein kann. Warum ich den Hummer so fantastisch finde, das möchte ich in dem folgenden Gedicht darstellen, welches an

die Überschrift des Kapitels anknüpft. Falls Sie sich dort verlesen haben sollten: Es geht nicht darum, wie man mit Hummer den Hunger bekämpft. Es folgt also kein Kochrezept, sondern eine Hommage an den Hummer (eine so genannte „Hummage").

Mögen Sie, so wie ich, gerne Fisch?
Gepökelt, gebraten, als Sushi ganz frisch?

---

[1] So benannt beispielsweise in H. W. Sinn: Das grüne Paradoxon. Econ-Verlag, 2008.

Doch der König der Fische, „so ist das numma",
und der König im Meer, das ist der Hummer.

Wehrhaft sieht er aus, und das allein
schüchtert potenzielle Fressfeinde ein.
Sein Körper wie aus Stahl geschmiedet
Was den Feinden Paroli bietet.

Trotzdem ist er mobil in jedem Gelände,
kämpft sich behände über Sand und Strände
strotzt nur so vor innerer Kraft
und wird daher überall angegafft.

Und wenn du es wagst, ihn anzugreifen,
seinen Körper auch nur zu streifen
dann schlägt er zurück mit stählerner Faust,
so dass du dich nie wieder zu ihm traust.

Ein jeder Leser erhebe sich,
wenn er Hummer so geil findet wie ich!

Sollten Sie nun gerade aufgestanden sein, überspringen Sie
bitte die folgende Gedichtpassage und lesen Sie aus dramatur-
gischen Gründen danach weiter. Vielen Dank. Alle anderen
(erfahrungsgemäß sind Sie in der Überzahl) lesen hier weiter:

Sie, die sich jetzt nicht erhoben,
wissen, man soll den Hummer nicht zu sehr loben,
denn wie so oft, wenn man Stärke demonstriert,
ist man im Oberstübchen eher spärlich möbliert.

Auf nicht wenigen Hummer-Zeugnissen ist zu lesen:
„Er ist stets bemüht gewesen."
Weswegen der Hummer mit etwas List
ganz einfach einzufangen ist.

(Bitte setzen Sie sich nun wieder.) Ich denke, mit dem Gedicht
habe ich Ihnen einen guten Eindruck von der Erscheinung und
Stärke des Hummers gegeben. Für alle diejenigen, die noch

kein konkretes Bild vor Augen haben, hier ein typischer Hummer.

Das Symbol des anthropogenen Klimawandels: Ein Hummer,
eines der fettesten SUV überhaupt

Falls Sie eben aufgestanden sind,[1] dürfen Sie nun noch den letzten Teil des Gedichts lesen, um ein differenzierteres Bild vom Hummer zu erhalten.

Wie im zweiten Teil des Gedichts beschrieben, ist der Hummer recht einfach zu fangen. Hierzu werden spezielle Hummerfangkörbe benutzt, deren Design den jüngeren Lesern vielleicht aus der Zeichentrick-Serie „Spongebob Schwammkopf" bekannt sein könnte. Ja, die „krosse Krabbe" ist ein umgebauter Hummerfangkorb. Diese Erkenntnis trifft junge Leser meist genauso hart wie das Eingeständnis, dass es den Weihnachts-

---

[1] Hiermit ist das Aufstehen beim Lesen des Gedichts gemeint, nicht wann Sie heute aufgestanden sind. Falls sie eben erst aufgestanden sind, lesen Sie es besser sowieso nochmal, man ist morgens ja nicht so aufnahmefähig.

mann nicht gibt. Falls ich Sie jetzt doppelt geläutert
haben sollte, tut mir das sehr leid.

Schematische Darstellung des Hummerfangs

Hummerfangkörbe sind so konstruiert, dass der Hummer zwar
hinein findet, aber niemals wieder hinaus. So zumindest die
Idee; es soll allerdings auch clevere Hummer geben, die den
Ausgang finden. Daher sollten wir einmal den Hummerfang
wissenschaftlich betrachten und mathematisch erfassen. Dabei
lässt sich der Hummerfang aus Sicht der Fischerin/ des Fi-
schers/ des Fischenden (im Folgenden kurz Fischer genannt)[1]

---

[1] Diese gender-korrekte Darstellung möglicher Fischender verwirrte
viele vermeintlich findige Versuchsleser. Daher als Warm-up für Sie:
Fischers Fritz fischt frische Fische. Frische Fische fischt Fischers
Fritz.

so darstellen: Der Ertrag E des Fischers ergibt sich aus der Differenz zwischen den Hummern, die in die Falle hineingehen H_{rein} und den Hummern, die aus der Falle wieder hinaus gehen H_{raus}:

$$E \quad = \quad H_{rein} \quad - \quad H_{raus}$$

Ertrag — Anzahl der Hummer, die reingehen — Anzahl der Hummer, die rausgehen

Rein mathematisch müssen wir hier wiederum in drei mögliche Fälle unterscheiden:

1. Wenn $\quad H_{rein} > H_{raus} \quad \rightarrow \quad E > 0$

Im ersten Fall ist die Anzahl der Hummer, die in die Falle tappen, größer als die Anzahl der Hummer, die es wieder heraus schaffen. In diesem Fall ist der Ertrag größer als Null, der Fischer freut sich.

2. Wenn $\quad H_{rein} = H_{raus} \quad \rightarrow \quad E = 0$

Im zweiten Fall schaffen es genau so viele Hummer aus der Falle heraus, wie hinein. In diesem Fall ist der Hummer cleverer als der Fischer, was den Ertrag auf null minimiert. Der Fischer findet das nicht so toll. Es sei dahin gestellt, ob wegen der Tatsache, dass die Hummer cleverer sind als er, oder wegen des ausbleibenden Ertrags.

3. Wenn $\quad H_{rein} < H_{raus} \quad \rightarrow \quad E < 0$

Im dritten Fall schaffen es mehr Hummer aus der Falle heraus, als hinein tappen. Wenn das passiert, muss der Fischer beim „Leeren" der Falle noch die fehlende Anzahl an Hummern hinein setzen, damit die Falle leer ist. Sollten Sie einmal eine solche Geschichte von einem Fischer hören, ist vermutlich nicht höhere Mathematik, sondern vor allem höher Prozentiges im Spiel. Dieser Fall ist zwar mathematisch denkbar, kommt aber in der Praxis höchst selten vor.

Sie fragen sich mittlerweile wahrscheinlich, was dieser gesammelte Unfug mit dem anthropogenen Klimawandel zu tun hat. Auf den ersten Blick zunächst mal nichts. Es handelt sich hier um eine simple Bilanz, wie man sie auch in anderen Beispielen verdeutlichen kann. Und weil ich an diesen unsinnigen Beispielen so viel Freude habe, werde ich noch zwei weitere nennen. Danach schlage ich den Bogen zum anthropogenen Klimawandel.

Das nächste Beispiel für eine Bilanz kennen Sie auch ganz sicher: Ihr Konto.

Auf ihr Konto fließen verschiedene Einnahmen. Je nachdem, wie Sie hier aufgestellt sind, erscheinen diese auf Ihrem Kontoauszug[1] als „Gehalt", „Stütze", „Zinsen", „Dividende" oder ähnlich. Dem gegenüber stehen die Ausgaben. Auch hier differenzieren wir je nach Vorlieben in die Themen „Miete", „Essen", „Bier", „Frau", etc. Die dargestellten Verwendungszwecke sind exemplarisch ausgewählt und stellen keine persönliche Erfahrung dar, ebenso wenig wie die Reihenfolge eine Priorisierung sein soll.

Schwein gehabt: Hoffentlich eine positive Bilanz!

---

[1] Zur Erklärung für die jüngeren Leser: Früher gingen alle Leute einigermaßen regelmäßig zum Bankschalter (damals eine Art Schreibtisch hinter Panzerglas), um sich Ihre Kontoumsätze und Ihren Kontostand auf Papier drucken zu lassen. Das lag daran, dass die Apps für das Online-Banking nicht für die damaligen Telefone mit Wählscheibe geeignet waren.

Bei mir würden sicherlich noch die Posten „Segelschiff" und, im Sommer 2017, auch „Frikandel" und „Bacardi" hier stehen.

Auch bei der Bilanz des Kontos unterteilen wir wieder in unterschiedliche Fälle, wobei wir diesmal nur die beiden „Extremfälle" betrachten und die Mitte eines exakt ausgeglichenen Saldos einmal vernachlässigen.

Übersteigen die Einnahmen die Ausgaben, sprechen wir vom so genannten „Zuckerberg-Effekt", da der Zuckerberg an erspartem Geld stetig wächst. Im englischsprachigen Raum wird häufig auch vom „Mark-Zuckerberg-Effect" gesprochen, wenn die Einnahmen sehr groß sind. Übersteigen hingegen die Ausgaben die Einnahmen, so sprechen wir seit 2017 vom „Becker-Effekt" oder der „Bum-Bum-Boris-Bilanz".

Analog, und damit zum letzten Beispiel einer Bilanz bevor wir zum Klima zurück kommen, verhält es sich mit unserem Körpergewicht.

Übersteigt die Kalorienverbrennung die Kalorienzufuhr, verlieren wir an Gewicht, bis Zufuhr und Verbrennung wieder im Gleichgewicht sind. Auch hier spricht man teilweise vom „Becker-Effekt", da Boris Becker, wie in einigen Fachzeitschriften[1] zu lesen war, nach einem kurzen Gewichts-Höhenflug deutlich abgenommen hat. Leider macht er (Stand Ende 2017) derzeit allerdings eher durch seine Kontobilanz als durch seine Kalorienbilanz von sich reden, wie ein Google-Treffer belegt.

---

[1] BUNTE Bilder dazu gibt es beispielsweise hier:
https://www.bunte.de/beauty/sport-fitness/stars-fitness/boris-becker-abgenommen-so-gut-sah-der-tennis-star-lange-nicht-aus.html;
10.01.2018

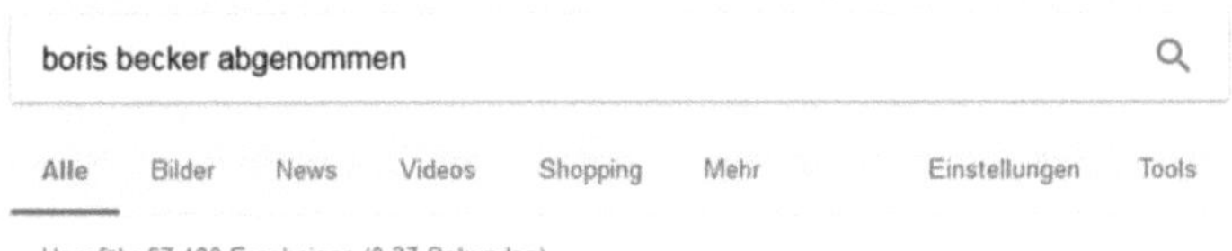

Achtung beim Abnehmen: Bringen Sie die richtige Bilanz ins Minus

Der Vollständigkeit halber: Bei einer allzu positiven Kalorien-bilanz nehmen wir so lange zu, bis der Kalorienverbrauch der stetig wachsenden Körpermasse der Kalorienzufuhr entspricht. Hier sprechen wir auch vom „Calmund-Effekt".

Kalorienbilanz: Nicht nur der vitruvianische Mensch muss auf seine Linie achten (und zwar nicht die des Kreises oder des Quadrats)

Nun ist es endlich Zeit, das Rätsel zu lösen, was das alles mit dem anthropogenen Klimawandel zu tun hat. Auch um die Erde können wir eine Bilanz ziehen, in der wir die zu- und abgeführte Strahlungsenergie aufführen.

Die Erde erhält Energie in Form von Sonnenstrahlung. Dadurch wird sie wärmer als ihre Umgebung, das Weltall, und strahlt daher selbst wieder infrarote Wärmestrahlung ab. Wenn Sie schon mal in der Nähe eines Kachelofens oder warmen Heizkörpers gesessen haben, kennen Sie den angenehmen Effekt, dass warme Körper ihre Energie in den Raum abstrahlen. Diese infrarote Strahlung können wir nicht sehen, nehmen sie aber gerade im Winter aber als sehr angenehm war.

Schematische Strahlungsbilanz um die Erde

Wenn man bilanziert, wie viel Energie bei der Erde in Form von Sonnenstrahlen eingeht und dem gegenüber stellt, wie viel in Form von infraroter Strahlung wieder abgestrahlt wird, so kommt man auf eine durchschnittliche Temperatur auf der Erdoberfläche von -18 °C.[1] Das entspricht erstaunlich genau der Temperatur der Füße meiner Freundin im Winter, wenn kein Kachelofen in der Nähe ist. Erinnern Sie sich an das Rechenbeispiel mit dem Hummerfang? Wir müssten 18 °C in die Erde reinstecken, um überhaupt auf null zu kommen. Oder, um an die anderen Beispiele anzuknüpfen, die Erde steckt tief im Temperaturdispo bzw. ist nur Haut und Knochen.

Aus dem Grund hat sich die Erde vermutlich irgendwann an Peter Zwegat, den bekannten Schuldner-Berater, oder an einen seiner Vorgänger gewandt. Ich stelle mir die Unterhaltung ungefähr so vor:

„Mein Name ist Peter Zwegat. Sie haben mich gerufen, hier bin ich. Was kann ich für Sie tun?"

„Hallo Herr Zwegat, ich bin der blaue Planet."

----

[1] H. W. Sinn: Das grüne Paradoxon. Econ-Verlag, 2008. S. 23

„Guten Tag blauer Planet. Haben Sie getrunken oder warum sind Sie blau? Wenn Sie die Augen vor den Problemen verschließen und sich berauschen, sinken sie nur noch tiefer in den Temperaturdispo.“

(Die Erde hat Peter Zwegat nicht genau verstanden, da sie etwas Wasser im Ohr hat – nicht ungewöhnlich bei 70 % Wasser auf der Oberfläche.)

„Temperaturdisko? War ich noch nie drin. Und nein, ich bin nicht betrunken. Man nennt mich nur so. Lange Geschichte. Wie dem auch sei, ich fühle mich, als hätte ich nur Nordpole.“

„Sie kämpfen also quasi an der Polarfront?“

„Nein, das hat damit nichts zu tun. Hier geht es nicht um das Wetter, sondern um die allgemeine Atmosphäre. Das Klima ist einfach schlecht, wenn es so kalt ist.“

„Hm. Das muss ich mir mal genauer anschauen.“

(Peter Zwegat baut ein Flipchart mitten auf dem Äquator auf, wühlt in Ordnern und kritzelt Zahlen auf das Flipchart)

„Also, lieber blauer Planet. Sie erhalten von der Sonne 343 Watt pro Quadratmeter an Einnahmen. 55 Watt reflektieren Sie direkt wieder, so dass sie mit 288 Watt pro Quadratmeter auskommen müssen. Außer im Wattenmeer, da liegen wir im Kilo Watt Bereich. Kleiner Scherz von mir. *(lacht sperrig)* Durch Wolkenbildung reduziert sich die lokale Sonneneinstrahlung weiter. Bleibt unterm Strich eine Temperatur von -18 °C.“[1]

---

[1] Basiert auf Angaben aus H. W. Sinn: Das grüne Paradoxon. Econ-Verlag, 2008. S. 22f.

„Das ist mir bekannt, deswegen habe ich sie ja gerufen. Was kann ich dagegen tun?"

„Ihr bisheriges Geschäftsmodell bringt Sie nicht raus aus den tiefen Temperaturen. Sie müssen etwas tun."

(Stimme aus dem Off: Das bisherige Geschäftsmodell des blauen Planeten bringt ihn nicht raus aus den tiefen Temperaturen. Entgegen einer ursprünglichen Vermutung von Schuldnerberater Peter Zwegat hat der Blaue Planet zwar kein Alkoholproblem, aber schafft es dennoch nicht, ein paar Grad Celsius zurückzulegen. Alle Einnahmen werden reflektiert oder infrarot emittiert. Peter Zwegat überlegt, was der blaue Planet dagegen tun kann. Er glaubt, dass der Planet kooperieren und seine Tipps annehmen wird.)

„Blauer Planet, Sie haben zwei Möglichkeiten: Sie können einerseits die Einnahmen erhöhen. Könnten Sie die Sonne um eine Gehaltserhöhung bitten?"

„Herr Zwegat, wie soll das gehen? Die Sonne ist 150 Millionen Kilometer entfernt, da kann ich nicht mal eben per Strahlungsantrieb hinfliegen und nach mehr Strahlung fragen. Sogar Anrufen nervt total: Selbst wenn ich mit Lichtgeschwindigkeit telefoniere, habe ich eine achtminütige Verzögerung in der Leitung. Da kann man schlecht nach mehr Strahlung fragen. Geht es nicht anders?"

(Einblendung: Kurze Werbeunterbrechung. Gleich geht es weiter! Umschalten lohnt nicht, nur ein Spot!)
Beruhigende Musik und Meeresrauschen. Tiefblaues Wasser. Im Hintergrund schneeweißer Sandstrand und sattgrüne Waldlandschaften. Ein paar Kajaks durchschneiden elegant die Wasseroberfläche und paddeln schräg durch das Bild. Mit einigen Metern Abstand folgt leicht mäandrierend eine Rückenflosse, die die beiden Kajaks verfolgt. Die Musik wird dramatischer. Ein Rudel Delfine springt im Bild-

vordergrund aus dem Wasser, vollführt Pirouetten in der Luft und wickelt dabei ein großes Banner ab, welches magisch über dem Wasser und den Kajakfahrern in der Luft stehen bleibt. Darauf ist zu lesen „Das Erstlingswerk von Bestsellerautor Peter Schneider: ‚Delfine haben keine Kiemen.‘ Schneiders‘ Memoiren Teil 1.“ Eine Stimme aus dem Off kommentiert:

„Ein Tier mit scharfer Rückenflosse und Kiemen verfolgt die Kajaks seit einiger Zeit. Die beiden Kanuten hatten angenommen, dass es sich um einen Delfin handelt. Nun, da sie entdecken, dass das Tier Kiemen hat, erscheint dieser Gedanke unrealistisch. Delfine haben keine Kiemen.
Um welches Tier handelt es sich? Wie frei fühlt man sich, wenn man neben der Freiheitsstatue paddelt? Und fällt Schnee immer in Richtung Erde, oder kann die Physik auch mal auf den Kopf gestellt werden?
Peter Schneider beantwortet diese und weitere Fragen in einem amüsanten und packenden Reisebericht, garniert mit einigen Informationen zu Land und Geschichte. Eine Anregung für den nächsten Outdoor-Urlaub, zum Schmökern, Mitfiebern und Träumen. Gehen Sie mit ihm auf die Reise!“

(Eine weitere Einblendung: Jetzt geht es weiter!)

Stimme aus dem Off. Schuldnerberater Peter Zwegat ist zu Gast beim blauen Planeten. Der blaue Planet steckt im Temperaturdispo und sucht nach einem Ausweg. Peter Zwegat schlägt vor, die Sonne nach einer Gehaltserhöhung zu fragen, doch der blaue Planet lehnt ab. Das Verhältnis von Sonne und Erde ist zerrüttet und die Kommunikation schwierig. Peter Zwegat muss einlenken und einen anderen Ausweg für den blauen Planeten suchen.

„Das verstehe ich. Wir haben noch eine zweite Option: Könnten Sie sich eine Jacke anziehen?“

„Eine Jacke? Spitzen Idee, das mache ich! Danke, Herr Zwegat!"

Und noch bevor der Schuldnerberater wieder ging, hatte sich die Erde eine Jacke angezogen. Und da die Daunen noch nicht erfunden waren, nahm die Erde statt dessen eine sehr luftige Jacke, wie sie sonst nur als Umstandsmode verkauft werden würde – allerdings bei der kugeligen Form der Erde durchaus angemessen. Diese luftige Jacke nennen wir „Atmosphäre", die darauf basierende Erwärmung der Erdoberfläche auf durchschnittlich + 15 °C nennen wir „Natürlicher Treibhauseffekt".
Dass diese segensreiche, wärmende Jacke existiert, hat erstmals 1824 der Mathematiker, Archäologe und Physiker Jean-Baptiste Joseph Fourier in seinen „Bemerkungen zur Temperatur des Erdballs und planetaren Raums" formuliert.[1] Er hatte allerdings noch keine genaue Vorstellung davon, wie diese Jacke funktioniert. Diese Vorstellung lieferte 1896 sein Kollege Svante Arrhenius in dem Artikel „Über den Einfluss von Kohlendioxid in der Luft auf die Temperatur am Boden".[2] Arrhenius hatte auch bereits eine Vorstellung davon, dass die Verbrennung von Kohle einen Einfluss auf die Oberflächentemperatur der Erde haben könnte. Seiner Schätzung zufolge würde eine Verdopplung der atmosphärischen Kohlenstoffdioxid (CO_2) Konzentration eine (anthropogene) Erwärmung der Erdoberfläche von 4 °C bis 6 °C auslösen. Damit hat Arrhenius unbewusst bereits einen Wert für die „Klimasensitivität" definiert, die auch heute noch heiß diskutiert wird. Die Forscher

---

[1] Die deutsche Übersetzung von Fouriers Artikel findet man beispielsweise unter http://ing-buero-ebel.de/Treib/Fourier.pdf; 10.01.2018. Eine knappe Geschichte der Klimaforschung inkl. Der Erkenntnisse von Fourier erschien in der Zeit: M. Kriener: Die Erde im Schwitzkasten. Zeit Nr. 48/2015
[2] Der Artikel ist beispielsweise verfügbar unter http://www.rsc.org/images/Arrhenius1896_tcm18-173546.pdf; 04.12.2017

sind sich uneinig darüber, wie stark sich das Klima bei einer Erhöhung der CO_2 Konzentration erwärmen wird. Als Indikator hierfür hat man die Klimasensitivität definiert, die angibt, welche Erwärmung eine Verdopplung der CO_2 Konzentration auslöst.[1] Arrhenius schätzte bei der Betrachtung des damaligen Kohlenstoffkreislaufs, dass diese Verdopplung etwa 3.000 Jahre dauern würde. Er war sich daher sicher, dass die Menschheit erstens problemlos mit den Folgen des anthropogenen Klimawandels umgehen könnte, und zweitens diese eher positiv wären – immerhin war er als Norweger nicht verwöhnt was den Sommerurlaub angeht. Flüge nach Mallorca waren damals auch für Nobelpreisträger noch unerschwinglich.

Jean-Baptiste Joseph Fourier

Krasser Typ

Svante Arrhenius

Noch krasserer Typ

Interessant ist auch, dass damals bereits klar war, dass große Teile der Erdatmosphäre, nämlich über 97 %, keinen wesentlichen Einfluss auf den Treibhauseffekt haben. Stickstoff (76 %)

---

[1] S. Rahmstorf; H. J. Schellnhuber: Der Klimawandel. 6. Auflage, C.H. Beck Verlag, 2007, S. 42 ff.

braucht sowieso kein Mensch, Sauerstoff (21 %) hingegen ist für uns atmende Menschen sehr praktisch. Für das Klima spielen allerdings nur der Wasserdampf (2,5 %) sowie klitzekleine Mengen von anderen Gasen eine Rolle. Die Konzentration des Wasserdampfs stellt sich über Verdunstung ein und lässt sich kaum beeinflussen. Der Einfluss des Menschen und damit der anthropogene Beitrag zum Klimawandel besteht lediglich bei den Gasen Kohlenstoffdioxid (CO_2), Methan (CH_4), den ebenso umweltschädlichen wie unaussprechlichen Fluorchlorkohlenwasserstoffen (FCKW), Ozon (O_3) und Lachgas (N_2O). Diese Gase kommen in extrem geringen Konzentrationen vor, haben allerdings, gemessen an ihrem Anteil, einen unverhältnismäßig großen Einfluss auf das Klima. Man könnte sie quasi als die CSU unter den Luftmolekülen bezeichnen. Unter den klimawirksamen Gasen wiederum ist das CO_2 das „prominenteste", da es zu über 60 % für den anthropogenen Klimawandel verantwortlich ist. Um dennoch auch die übrigen 40 % an Einfluss zu erfassen, wird teilweise in „CO_2 Äquivalenten" gerechnet, wobei die Klimawirksamkeit der anderen Treibhausgase sozusagen in CO_2 umgerechnet wird. Das ist so, als würden Sie eine Weltreise machen und in verschiedenen Währungen Ihre Kreditkarte belasten, aber die Abrechnung am Ende ausschließlich in Euro sehen. Dass beim Klima die Leitwährung das CO_2 ist, liegt nicht nur am großen Beitrag zum anthropogenen Klimawandel, sondern auch daran, dass es sehr lange in der Atmosphäre verbleibt. Das CO_2, welches wir derzeit emittieren, wird mehrere Jahrtausende lang in der Atmosphäre bleiben, während andere Klimagase wie Methan und Lachgas innerhalb weniger Jahre oder Jahrzehnte wieder verschwinden.[1]

Da CO_2 in so geringen Mengen vorkommt, wird es in der Einheit „ppm" angegeben – „parts per million". In der vorindustri-

---

[1] Der gesamte Absatz basiert auf Angaben aus H. W. Sinn: Das grüne Paradoxon. Econ-Verlag, 2008. S. 30

ellen Zeit lag die atmosphärische CO_2 Konzentration bei etwa 280 ppm. Das entspricht knapp 0,03 % der Atmosphäre – ein winziger Anteil mit riesiger Wirkung! Denken Sie zum Vergleich an unseren Fischer mit Hochprozentigem im Blut: 0,03 % entsprechen 0,3 Promille. Beim Alkohol gilt also auch, dass eine winzige Dosis bereits einen großen Effekt ausmacht, ähnlich wie beim CO_2 (oder der CSU, wobei dort vielleicht manchmal zusätzlich Alkohol im Spiel ist?).

Doch zurück zur Geschichte der Klimaforschung. Keine Hundert Jahre nach Arrhenius, im Jahr 1988, wurde der anthropogene Klimawandel zur Chefsache erklärt und „eines der größten Wissenschaftsprojekte aller Zeiten"[1] installiert. Der Weltklimarat (Intergovernmental Panel on Climate Change, IPCC) bildet ein Netzwerk aus mehreren Tausend Wissenschaftlern, die den aktuellen wissenschaftlichen Stand der Klimaforschung regelmäßig in „Sachstandsberichten" zusammenfassen und Handlungsempfehlungen aussprechen, welche traditionell ignoriert werden. Im letzten Sachstandsbericht (2014)[2] wurde festgestellt, dass eine Verdopplung der CO_2 Konzentration (Klimasensitivität) eine Erwärmung der Erdoberfläche von bis zu 4,5 °C auslösen werde. Damit trifft der IPCC mit tausenden Wissenschaftlern und leistungsstarken Simulationen ziemlich genau die gut ein Jahrhundert zuvor von Arrhenius genannte Zahl – da sag nochmal einer, wissenschaftlicher Fortschritt würde nichts bringen! Allerdings muss man sich fragen, ob die Ressourcen nicht besser im Klimaschutz als in der Klimaforschung investiert wären…

Was der IPCC Arrhenius allerdings voraus hat, sind die große Datenbasis und das Wissen, dass die Menschheit sehr viel effektiver an der Verdopplung der CO_2 Konzentration arbeitet, als es sich Arrhenius je erträumt hatte. Wenn es so weiter geht,

---

[1] M. Kriener: Die Erde im Schwitzkasten. Zeit Nr. 48/2015
[2] Abrufbar unter http://www.ipcc.ch/report/ar5/syr/; 10.01.2018

schaffen wir die von Arrhenius prognostizierten 3.000 Jahre in nicht einmal 300 Jahren, vielleicht auch nur 200 – und darin sind die gut 120 Jahre seit Arrhenius' Entdeckung schon enthalten.

Wir kommen im nächsten Kapitel darauf zurück, was das für die Zukunft und Nietzsches Schwanz bedeuten könnte. Zunächst schauen wir zurück, denn die Entwicklung der letzten 800.000 Jahre lässt sich hervorragend anhand von antarktischen Eisbohrkernen rekonstruieren.[1] Diese Eisbohrkerne sind ausgesprochene Plaudertäschchen, wenn man ihre Sprache oder ihren wissenschaftlichen Dialekt spricht. Sie erzählen wie Opa gerne von früher, vor allem wie schön kühl die letzten Eiszeiten waren und wie heiß die Warmzeiten. Der Dialekt von „Opa Klima" beruht dabei auf zwei Methoden:

1. Durch Lufteinschlüsse im Eis lässt sich die atmosphärische CO_2 Konzentration zur damaligen Epoche bestimmen.

2. Durch Untersuchung der Isotopenverhältnisse des Sauerstoffs können Rückschlüsse auf die damalige Temperatur gezogen werden. Sauerstoff ist ein Baustein von Wasser, der Einfluss auf das „Gewicht" der Wassermoleküle hat. Isotope sind schwerere oder leichtere Sauerstoffatome, die leichtes oder schweres Wasser bilden. In einem warmen Klima verdunsten übermäßig viele leichte Isotope, und schwere bleiben zurück. Mehr schwere Isotope weisen daher auf ein warmes Klima hin.

Zugegeben, Opa Klimas Dialekt ist für uns recht schwer zu verstehen. Wie alle Opas nuschelt Opa Klima auch immer ein

---

[1] T. Staeger: Klimaarchive im ewigen Eis. „Wetterthema" der Tagesschau am 01.12.2017;
http://wetter.tagesschau.de/wetterthema/2017/12/01/klimaarchive-im-ewigen-eis.html; 02.12.2017

bisschen durch seine dritten Beisserchen. Daher haben Wissenschaftler Opas Erzählungen in einer übersichtlichen Grafik zusammengefasst.

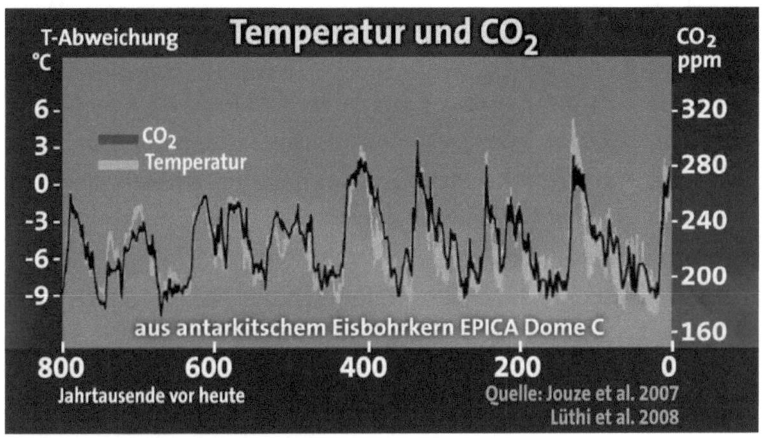

Opa Klima erzählt von früher[1]

Wenn wir Opa Klimas Erzählungen nun lauschen, dann merken wir vor allem eins: Sie sind unfassbar langweilig. Opa quatscht und quatscht, aber seine Geschichten sind immer die gleichen. Die CO_2-Konzentration schwankt in den letzten paar Hunderttausend Jahren zwischen

---

[1] T. Staeger: Klimaarchive im ewigen Eis. „Wetterthema" der Tagesschau am 01.12.2017;
http://wetter.tagesschau.de/wetterthema/2017/12/01/klimaarchive-im-ewigen-eis.html; 02.12.2017

180 ppm und 300 ppm. Mal hoch, mal runter, und ein Anstieg um 100 ppm hat üblicherweise ein paar Jahrtausende in Anspruch genommen. Wenn Opa Klima dann die Erzählung der Temperaturentwicklung anstimmt, dann kommen wir uns etwas verschaukelt vor. Kennen wir doch alles schon! Die Temperatur folgt exakt der CO_2 Konzentration und braucht genauso ewig, um sich um ein paar Grad zu verändern. Die Ausschläge liegen im Extrem zwischen einer Temperaturabweichung von -9 °C bis +6 °C von der heutigen Temperatur. Da haben wir an einem launischen Sommertag aber größere Temperaturschwankungen! Was soll die Aufregung?

Tatsächlich haben diese Schwankungen der CO_2 Konzentration und der Temperatur gigantische Auswirkungen auf das Leben auf der Erde. Die kalten Phasen im Diagramm markieren Eiszeiten, zu denen weite Teile Europas unter einem dicken Eispanzer gelegen haben. Die warmen Phasen entsprechen Warmzeiten, wie wir sie derzeit erleben. Dass dieser monumentale Unterschied zwischen dicken Eispanzern und heißen, trockenen Gebieten in Europa nur wenige Grad Celsius beträgt, liegt daran, dass wir hier die globale Durchschnittstemperatur betrachten. In unseren Breiten können die Klimaschwankungen durchaus doppelt so hoch ausfallen, da die Bildung eines Durchschnitts immer die Extremwerte gegeneinander „verwischt“. So werden lokale Wetterphänomene wie eine extreme Kältewelle in Nordamerika und gleichzeitig eine ungewöhnliche Hitzewelle im grönländischen Februar gegeneinander ausgelöscht.[1] Es ist ungefähr so, als würde man Schwiegermutters Laune über mehrere Monate mitteln. Wenn dann im Durchschnitt eine erträgliche Erscheinung herauskommt, sagt das auch wenig über die temporär vorherrschenden hitzigen Debatten und Eiszeiten aus. Und jetzt stellen Sie sich noch vor, dass Schwiegermutters Laune nicht langsam aber sicher umschlägt, sondern völlig unvermittelt und plötzlich, so dass sie nicht einmal Zeit haben, sich darauf einzustellen. Das passiert gerade für die meisten Tiere und Pflanzen. Die Temperaturänderung stellt sich so schnell ein, dass viele Spezies keine Zeit haben, sich anzupassen oder abzuwandern. Aus den letzten Jahrtausenden sind die Arten gewöhnt, dass sie lange Zeit haben, um vor Schwiegermutter wegzulaufen. Jetzt haben wir der Schwiegermutter richtig Beine gemacht, so dass Cora selbst auf dem Dachboden keine Ruhe hat.

Schwiegermutters neue Vitalität hat sie letztendlich dem Hummer und anderen Energieverbrauchern zu verdanken, die Opa Klimas langweiliges Leben richtig aufpeppen, indem sie fossile Energieträger in CO_2 und andere Verbrennungsprodukte umsetzen. Den großen „Erfolg" dieses gigantischen geophysikalischen Experiments kann man beispielsweise im Sachstandsbericht des IPCC von 2007 nachlesen.[2] Hier ist der Anstieg der Konzentration ausgewählter Treibhausgase (CO_2,

---

[1] Während es in Nordamerika zum Jahresbeginn 2018 mit bis zu -36 °C ungewöhnlich kalt war, wurde Grönland im Februar 2018 von einer „Hitzewelle" von bis zu +6 °C heimgesucht – Durchschnitt sind hier (Kap Morris Jesup) im Februar -32 °C. Überhaupt wurden hier nur zweimal zuvor Temperaturen über null gemessen: 2011 und 2017. http://www.tagesschau.de/ausland/kaelte-usa-kanada-101.html; 02.03.2018 sowie http://www.nos.nl/artikel/2219470-verontrustend-warm-op-winters-groenland-temperaturen-boven-nul.html; 02.03.2018

[2] Abrufbar unter http://www.ipcc.ch/report/ar4/; 10.01.2018

CH$_4$, N$_2$O) seit dem Beginn der Industrialisierung sehr deutlich dargestellt. Bitte beachten: CH$_4$ und N$_2$O sind in der Einheit „ppb", also „parts per billion" angegeben.

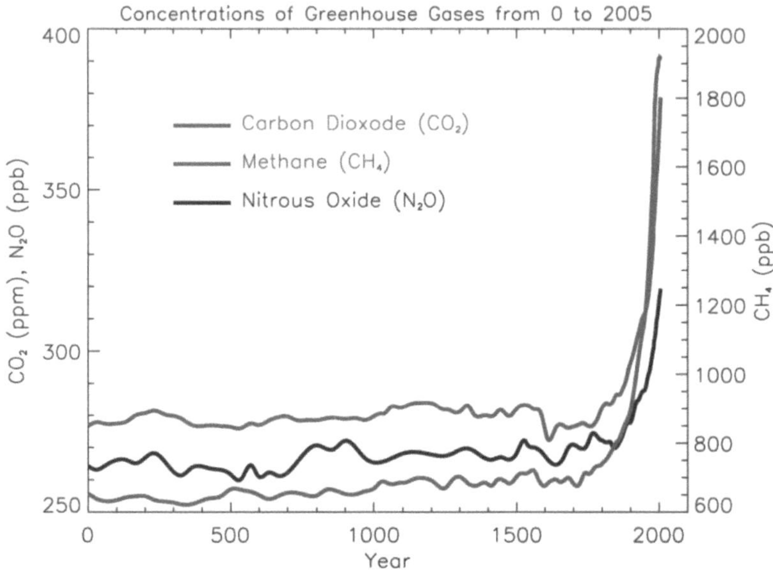

Konzentration ausgewählter Treibhausgase in den letzen 2.000 Jahren[1]. Im Original werden Farben verwendet, daher ist die Zuordnung hier schwierig. Die bis zum Jahr 1800 obere Linie gehört zum CO$_2$, darunter folgen NO$_2$ und CH$_4$.

Der Trend ist bei allen Treibhausgasen eindeutig: Es geht aufwärts, Arrhenius wäre stolz auf uns! Vom vorindustriellen CO$_2$ Niveau von 280 ppm sind wir mittlerweile auf etwa 400 ppm gestiegen, ein Zuwachs von über 30 % bei einer aktuellen Rate

---

[1]

http://www.ipcc.ch/report/graphics/index.php?t=Assessment%20Rep orts&r=AR4%20-%20WG1&f=Chapter%2002; 10.08.2018 von + 2 ppm pro Jahr.[1] Kleiner Vorgriff: Die Einhaltung des internationalen Ziels, die anthropogene Klimaerwärmung auf unter 2 °C bis 2100 zu begrenzen, würde eine Stabilisierung der CO_2 Konzentration bei 450 ppm voraussetzen.[2] Jeder, der mit rudimentären Grundschulrechenkenntnissen auftrumpfen kann, möge sich ausrechnen, wie lange wir noch mit der aktuellen Rate CO_2 emittieren dürfen. Aber es gibt auch gute Nachrichten. Immerhin der immense Anstieg der CO_2 Emissionen, also die Tatsache, dass in jedem Jahr sehr viel mehr emittiert wird als im Vorjahr (2. Ableitung), ist leicht zurück gegangen. Das jährliche „mehr" ist also ein kleines bisschen weniger geworden.[3] Wir emittieren zwar weiterhin jedes Jahr mehr als im Vorjahr, aber nicht so viel mehr wie früher einmal. Das ist, als würden die WeightWatchers es Ihnen als Erfolg verkaufen, wenn sie weniger schnell zunehmen, als sie das früher mal getan haben – was der Idee einer dringend notwendigen CO_2 Diät nicht sehr nah kommt. Und da der IPCC das weiß, werden

---

[1] T. Staeger: Klimaarchive im ewigen Eis. „Wetterthema" der Tagesschau am 01.12.2017;
http://wetter.tagesschau.de/wetterthema/2017/12/01/klimaarchive-im-ewigen-eis.html; 02.12.2017, sowie
C. Ponting: A new green history of the world. Random House, 2007. S. 412

[2] IPCC, 2014: Summary for Policymakers. In: Climate Change 2014: Mitigation of Climate Change. Contribution of Working Group III to the Fifth Assessment Report of the Intergovernental Panel on Climate Change [O. Edenhofer, R. Pichs-Madruga, Y. Sokona, E. Farahani, S. Kadner, K. Seyboth, A. Adler, I. Baum, S. Brunner, P. Eickemeier, B. Kriemann, J. Savolainen, S. Schlömer, C. von Stechow, T. Zwickel and J.C. Minx (eds.)]. Cambridge University Press, Cambridge, United Kingdom and New York, NY, USA

[3] Ein weiteres kleines Paradoxon. Da der Meeresspiegel steigt, wird das Meer mehr, während zeitgleich das mehr weniger wird. (Merke: Keine Pointe ist so flach, dass sie es nicht verdienen würde, ihr eine Fußnote zu widmen. Nun beginnen Sie den Absatz am besten noch einmal von vorn, da ich Sie gerade verwirrt habe.)

auch bereits jetzt Szenarien durchgerechnet, bei denen CO_2 äquivalente Konzentrationen von bis zu 1.300 ppm bis zum Jahr 2100 berücksichtigt werden, mit einem entsprechenden Temperaturanstieg von bis zu 6 °C. Das international anerkannte Ziel von einer maximalen anthropogenen Erwärmung von 2 °C wurde definiert, weil die Folgen als gerade noch beherrschbar gelten. Wie würde man einen Anstieg von 6 °C charakterisieren? Gerade nicht mehr beherrschbar?

Opa Klima jedenfalls bedankt sich für die unverhoffte Belebung seiner Lebensgeschichte auf seine Weise. Wir sprechen hier von einem „positiven Feedback-System" oder einem „Rückkopplungs-Effekt". Positives Feedback kennen Sie: Ihr Chef klopft Ihnen auf die Schulter und sagt „Prima gemacht, weiter so!" Ich weiß nicht, wer Opa Klima auf die Schulter geklopft hat (ich weiß nicht einmal, wo die Schulter sein könnte), aber irgendjemand muss es getan haben. Vielleicht war es Präsident Trump persönlich? „You are a great climate, very good. I am the hottest here, but you are second. After me." Das hat das Klima so motiviert, dass es jetzt richtig Gas gibt. Das lässt sich an drei Beispielen festmachen.

Erstes Beispiel: Die Reduktion der Albedo.[1] Bitte verwechseln Sie das nicht mit der Reduktion der Libido.[2] Das wäre ein eher persönliches Problem, die Reduktion der Albedo ist aber ein globales Problem. Die Albedo ist das Rückstrahlvermögen der Erdoberfläche für das Sonnenlicht. Schnee, Gletscher und Meereseis bilden helle, strahlend weiße Oberflächen, die das einfallende Sonnenlicht zu einem großen Teil reflektieren. „Return to sender" würde Elvis sagen. Durch die Reflexion des Lichts an der Erdoberfläche wird kaum Energie absorbiert, und

---

[1] J. A. Curry; J. L. Schramm: Sea Ice-Albedo Climate Feedback Mechanism. Journal of Climate Vol. 8, 1995. S. 240 - 247
[2] Fragen Sie hierzu Ihren Arzt oder Apotheker. Manchmal hilft auch schon der beste Freund.

die Flächen erwärmen sich nur minimal. Aber in Zeiten des anthropogenen Klimawandels sind Schnee, Gletscher und Meereseis im wahrsten Sinne des Wortes Auslaufmodelle. Wenn sie schmelzen, kommt darunter meist dunkles Gestein oder dunkles Meerwasser zum Vorschein. Ähnlich wie ein schwarzes Auto im Sommer absorbieren die dunklen Flächen viel mehr Sonnenenergie und tragen nochmals verstärkt zur Erwärmung bei – ein klassischer Rückkopplungseffekt.

Übrigens versuchen die Menschen (unwissentlich), diesen Effekt umzukehren: Das Abholzen dunkler Waldflächen, um helle Ackerflächen anzulegen, bewirkt den gegenteiligen Effekt. Leider wird aber durch die Abholzung selbst auch wieder CO_2 freigesetzt, das zuvor im Holz gebunden war. Wirklich durchdacht scheint die Abholzung der Urwälder (wir erinnern uns: -120 Millionen Hektar in den letzten 25 Jahren)[1] unter ökologischen Gesichtspunkten also nicht zu sein.

Der Rückgang der Eqi-Gletscherzunge auf Grönland ist an der alten „Bremsspur" am gegenüberliegenden Berg zu erkennen. Der darunter liegende Fels absorbiert die Sonnenstrahlen besser als das Gletschereis.

---

[1] https://academic.oup.com/bioscience/article/67/12/1026/4605229, 21.12.2017

Zweites Beispiel: Das Auftauen von Permafrostböden.[1] Permafrostböden sind durch permanente, ganzjährige Temperaturen von unter null Grad konserviert. Bevor allerdings Väterchen Frost ihren Zustand eingefroren hat, haben sie in irgendeiner der letzten Warmzeiten noch schnell große Mengen von Methan (CH_4) durch biologische Prozesse in ihren moorigen Böden eingelagert („eingetuppert"). Tauen die Permafrostböden auf, entweicht das Methan und heizt das Klima weiter an, so dass noch mehr Methan entweicht. Es gibt allerdings noch eine weitere, nicht-natürliche Rückkopplung: In den sibirischen Permafrostgebieten wird seit Jahrzehnten Erdgas gefördert. Als die Anlagen dazu gebaut wurden, waren die Baugründe Permafrostgebiete, weswegen schwere Anlagen auf den knallhart gefrorenen Boden gebaut werden konnten. Tauen diese Böden nun auf, versinken die Anlagen einfach im morastigen Boden. Man könnte dies als Teil der Problemlösung, und somit als sinnvolle Rückkopplung sehen. Allerdings rechnen wir dabei nicht mit dem Trickreichtum der Ingenieure: Sie setzen 20 % der geförderten fossilen Energie ein, um den ehemaligen Permafrostboden lokal zu kühlen![2] Diese Idee ist nicht nur auf den ersten Blick bescheuert, sondern bleibt es auch auf Blick zwei bis 99: Um die Folgen des anthropogenen Klimawandels zu kompensieren, wird ein Teil der geförderten Energie direkt wieder verbraten. Dadurch wird entsprechend mehr CO_2 emittiert. Das wäre ja gerade so, als würden wir unter hohem Ener-

---

[1] C. D. Koven; B. Ringeval; P. Friedlingstein; P. Ciais; P. Cadulc; D. Khvorostyanov; G. Krinner; C. Tarnocai: Permafrost carbon-climate feedbacks accelerate global warming. Proceedings of the National Academy of Sciences of the United States of America, Vol. 108 No. 36, 2011.
[2] Beispielsweise beschrieben in H. Lesch; K. Kamphausen: Die Menschheit schafft sich ab. Droemer/Knaur, 2016. Oder zu hören bei Lesungen von H. Lesch, abzurufen unter
https://www.youtube.com/watch?v=tfdpDeLNopg; 15.12.2016

gieaufwand künstlichen Schnee zum Skifahren produzieren, weil der natürliche Schnee aufgrund der Klimaerwärmung immer öfter ausbleibt. Durch den hohen Energieverbrauch der Schneeproduktion wird der anthropogene Klimawandel weiter verstärkt. Oder, vielleicht ein noch absurderes Beispiel: Damit wir in den dank Klimaerwärmung sehr heißen Sommern Auto fahren können, bauen wir in jedes Auto eine energieintensive, leistungsstarke Klimaanlage ein – und das wohl gemerkt hoch im Norden des Planeten. Deutschland liegt um den 50. Breitengrad; der Nordpol ist deutlich näher als der Äquator. Manchmal frage ich mich, ob ich verrückt bin, oder alle anderen…

Drittes Beispiel: Die Speicherkapazität der Weltmeere für CO_2. Die Meere haben bisher etwa 155 Milliarden Tonnen des freigesetzten Kohlenstoffs (insgesamt: ca. 555 Milliarden Tonnen) aufgenommen.[1] Aber so langsam haben die Meere keine Lust mehr auf CO_2, sondern sind schon mächtig sauer, dass sie bisher als Endlager für CO_2 herhalten mussten.

Weniger ist Meer: Die Weltmeere haben bisher viel CO_2 aufgenommen. Aber jetzt werden sie langsam darüber sauer.

---

[1] Laut dem 5. Sachstandsbericht des IPCC.
http://www.ipcc.ch/report/ar5/wg3/; 11.01.2018

Tatsächlich kann man messen, wie sauer (bzw. weniger basisch) die Meere darüber sind: Der Indikator dafür, der pH-Wert des oberflächennahen Meerwassers, ist um etwa 0,1 gesunken. Die Speicherfähigkeit der Meere ist langsam erschöpft. Zukünftig wird sich also bei gleichbleibender Emissionsrate ein größerer Teil des CO_2 in der Atmosphäre anreichern und damit noch einmal den anthropogenen Klimawandel anschieben. Ein weiterer Effekt der sauren Meere: Tiere, die auf Kalk als Baumaterial angewiesen sind, wie Muscheln oder Korallen, haben im sauren Meerwasser zunehmend Probleme, ihre Schalen oder Skelette zu bauen. Zählen wir auch den Hummer dazu (den echten), können wir also am Ende des Kapitels den Schluss ziehen: Letztendlich bekämpft der Hummer den Hummer. Und wir haben es in der Hand, wie die Partie ausgehen wird!

Hummer gegen Hummer. And the winner is…? Sie haben täglich die Möglichkeit, einen kleinen Teil der Antwort mit zu formulieren.

Was bringt die Zukunft?

Dass die atmosphärische CO_2 Konzentration ansteigt, die Meere saurer werden und die globalen Temperaturen steigen, können wir sehr gut beobachten. Die Auswirkungen dieser, in geologischen Zeiträumen gesehen, rasant schnellen Veränderungen können wir überall sehen. Gletscher schmelzen, der Meeresspiegel steigt weltweit, die Zahl der Hitzetage im Sommer nimmt zu, die Zahl der Tage mit Naturschnee nimmt ab, Skigebiete schließen. Pflanzen treiben viel früher im Jahr aus und leiden im Sommer unter hohen Temperaturen. Tierarten ändern ihre Gewohnheiten und Reviere, um sich den veränderten Bedingungen anzupassen. Zugvögel ziehen später oder gar nicht mehr in ihre Winterreviere. So mancher Insel- und Küstenstaat hingegen würde gerne in ein Winterrevier ziehen, um dem Untergang zu entgehen, bleibt aber ortsfest und sieht seinem Untergang entgegen. Überschwemmungen und Stürme nehmen zu („Schwiegermutter kommt mit mehr Wumms"). Während Einzelereignisse wie ein Hurrikan (bisher) zwar nicht auf den Klimawandel zurück geführt werden können,[1] zeigt uns die Gesamtheit der Ereignis-

---

[1] Wissenschaftler arbeiten derzeit daran, die veränderte Wahrscheinlichkeit für extreme Wetterereignisse an den Klimawandel zu koppeln. Einfach gesagt: Mit welcher Wahrscheinlichkeit weht uns heute die Mütze vom Kopf, und ist diese höher als zu Großvaters Zeiten? http://www.spiegel.de/spiegel/friederike-otto-deutsche-physikerin-in-oxford-entschluesselt-den-klimawandel-a-1168623.html; 03.03.2018

se deutlich, wie der Klimawandel wirkt. Und wir stehen erst am Anfang.[1]

Schwieriger wird es, wenn man versucht, die Zukunft zu prognostizieren. Wie wird der Klimawandel weiter verlaufen und wie werden die lokalen Auswirkungen sein? Teilweise reagieren Opa Klima und das lokale Wetter ähnlich irrational und unverständlich wie die Schwiegermutter. Dass es generell schwierig ist, die Zukunft vorher zu sagen, zeigt uns das folgende Gedicht.

> 1990 hat Kaiser Franz[2] prophezeit,
> die Nationalelf sei unbesiegbar auf lange Zeit.
> „Dank der Brüder und Schwestern aus dem Osten
> gewinnen wir jede WM", so der Pfosten.
> Doch erst 2016 wurde der nächste Stern vergeben,
> mit seiner Prognose lag er daneben.
>
> Das Heidelberger ifo Institut hat kapiert
> wie man Geld macht mit dem, was in Zukunft passiert.
> Indem man mit Unternehmen telefoniert
> und fragt „Läuft's gut oder seid ihr frustriert?"
> wird der ifo Index generiert,

---

[1] Ein Hinweis an die Wähler der AfD und Pegida-Sympathisanten (auch wenn ich bezweifle, dass diese mein Buch kaufen oder lesen): *Diese* Entwicklungen und Aussichten bedrohen unsere Lebensweise, nicht die Migranten. Hoffentlich kommen genug clevere Menschen aus südlichen Ländern zu uns, die uns zeigen können, wie man seine Lebensweise an die hohen Temperaturen anpasst. Noch ein Hinweis: Ich weiß auch, dass es kriminelle Migranten gibt und große Probleme durch Immigration. Aber ich weiß auch, dass diese Probleme im Vergleich zum Klimawandel locker lösbar sind.

[2] Gemeint ist Franz Beckenbauer. Archivbilder von 1990 zeigen ihn noch mit weißer Weste. Mittlerweile wird Herrn Beckenbauer nicht nur diese falsche Prognose vorgehalten, sondern insbesondere, dass er seine schützende Hand über unser Sommermärchen gehalten hat. Nur weil irgendwelche anderen Funktionäre ihre Hände offenbar wiederum darunter gehalten haben. Verrückte Welt.

der die Geschäftslage der Zukunft prognostiziert.
Eine große Krise hat 2008 keiner erwartet,
deswegen haben die Lehman Brothers einfach gestartet.
Bis Mitte 2008 dachte ifo, die Stimmung würde sich heben,
doch diese Prognose lag daneben.[1]

Dieter ist in einer Bar
und denkt „Die da hinten mache ich mir klar."
„Glaubst Du an Liebe auf den ersten Blick?"
fragt er und freut sich heimlich schon auf den Abend[2].
„Sonst komme ich einfach nochmal vorbei,
dann sind es der Blicke bereits zwei."
Im Geiste sieht Dieter ihre Körper schon beben,
doch diese Prognose lag daneben.

Wir merken: Die meisten Prognosen liegen voll daneben. Am
zuverlässigsten sind Prognosen natürlich, wenn sie von Experten auf dem Gebiet erstellt werden. Mancher kennt die legendäre Prognose von Microsoft-Gründer Bill Gates, der 1981 erklärte, mehr als 640 Kilobyte Speicher brauche kein Mensch.
Bill Gates konnte nicht wissen, dass bald jeder einen kleinen
Taschencomputer mit dem zig-fachen Speicher bei sich tragen
würde, der unsere Kommunikation revolutioniert. Keine Hundert Jahre zuvor hatte Gottlieb Wilhelm Daimler prognostiziert,
dass die weltweite Nachfrage nach Autos eine Million nicht
übersteigen werde – schon alleine aus Mangel an Chauffeuren.
Diese Prognose hat er höchstpersönlich ad absurdum geführt.
Ein paar Jahre zuvor hatte Svante Arrhenius prognostiziert,
dass es 3.000 Jahre dauern werde, die atmosphärische CO_2

---

[1] Der Verlauf des ifo Geschäftsklimaindex ist beispielsweise unter
https://www.finanzen.net/ifo/ einzusehen. Interessant ist dabei übrigens auch, dass die „Aussichten" quasi durchgehend schlechter sind
als die aktuelle Lage. Wie wäre es mal mit ein wenig Optimismus?
[2] Ich weiß, es reimt sich nicht. Vielleicht finden Sie ja ein besseres
Wort, das sich auf „Blick" reimt.

Konzentration zu verdoppeln. Er hatte wiederum nicht mit Daimler und dem Hummer gerechnet.

Vielleicht sollten wir daher einfach etwas vorsichtiger sein mit unseren Prognosen. Ich möchte daher das oben stehende Gedicht so umformulieren, dass es etwas vorsichtiger und demütiger beschreibt, was in der Zukunft passieren könnte.

1990 hat Franz Beckenbauer prophezeit,
die Nationalelf sei nun zum Siegen bereit.
Die Chance liege bei etwa 36 Prozent
dass man Deutschland demnächst Weltmeister nennt.
Dank der neuen Spieler aus der Ex-DDR
seien das sieben Prozentpunkte mehr
als er zuvor angenommen –
es könne aber alles noch anders kommen.

Das Heidelberger ifo Institut macht einmal mehr klar,
sein Index stelle keine Prognose dar.
Es ginge, und das sei ja kein Verbrechen,
nur darum, mit netten Leuten zu sprechen.
Bevorzugt rufe man Bosse an
weil man mit denen schön quatschen kann.
Nach dem Gespräch überlegen dann alle
ob die Stimmung so gut sei wie auf Malle.
Das Ergebnis dieser Auswertung werde notiert
und als ifo Index publiziert.
Das sei aber lediglich ein Stimmungsbarometer -
und ob es stimmt, sehe man erst später.

Dieter, für seine Intelligenz nicht gerade bekannt,
wurde nach einem Sänger und Juror benannt.
Und findet er eine Frau ganz nett
bekommt er sie mit flotten Sprüchen ins Bett.
So denkt er zumindest, doch er gesteht sich auch ein:
Seine Erfolgsquote könnt' kaum geringer sein.

Und würde er es genau erheben,
müsst' er die Quote in ppm angeben.

Die Klimaforscher des IPCC sind sich bewusst, dass sie die Zukunft nicht besser vorhersagen können als Beckenbauer, ifo, Erwin oder vielleicht Käpt'n Blaubär. Daher erheben sie mit den Berechnungen des zukünftigen Klimas nicht den Anspruch einer Vorhersage oder Prophezeiung, sondern stellen lediglich Projektionen oder Szenarien zusammen, die auf bestimmten Voraussetzungen basieren.

Eine der Voraussetzungen ist dabei die eben schon angesprochene Klimasensitivität, d.h. die Frage, wie stark sich die Erde bei einer Verdopplung der atmosphärischen CO_2 Konzentration erwärmen wird. Arrhenius und seine Nachfolger haben im Labor untersucht, wie die Treibhausgase verschiedene Strahlungen reflektieren oder absorbieren und haben daraus die Klimawirksamkeit errechnet. Aber versuchen Sie einmal, eine im Labor ermittelte Eigenschaft auf die ganze Welt umzurechnen! Das geht auf jeden Fall schief.

Cora hat zuhause festgestellt, dass Erwin gerne Bier absorbiert und dabei etwas wärmer wird. Aber dieses Wissen „draußen" im Dschungel der Brauereierzeugnisse anzuwenden, ist extrem schwer. Bier zu warm? Wird ganz anders absorbiert. Bier Mischgetränk? Wird kaum absorbiert, quasi kein Effekt. Kölsch? Wird sofort reflektiert. Zu viel Bier? Wird zunächst absorbiert und später aber reflektiert.[1] Und wie sich Erwins Laune beim Bierkonsum entwickeln wird, ist noch schwieriger vorherzusagen.

Hinzu kommen beim Klima noch die positiven Feedbackmechanismen von Albedo und Permafrostböden, die selbst wiederum vom Klima abhängen. Zur Erinnerung: Die Albedo be-

---

[1] Landet das Bier dabei wieder auf Erwin selbst, lobt er sich für seine Gabe der Selbstreflexion.

schreibt die stärkere Erwärmung von Fels oder Wasser, wenn kein Eis mehr darauf liegt. Und in Permafrostböden ist sehr viel klimawirksames Methan gespeichert, das beim Auftauen freigesetzt wird. Die globale Erwärmung muss zur regionalen Erwärmung umgerechnet werden, um herauszufinden, wie stark sich Eis und Permafrost zurück ziehen könnten. Das alleine ist schon extrem schwer, wenn man bedenkt, dass regional riesige Unterschiede auftreten können wie Plusgrade in Grönland und extreme Kälte in den viel südlicher gelegenen USA. Aus den regionalen Temperaturveränderungen wird wiederum die Veränderung der Albedo und die Menge an Methan errechnet, die aus den Permafrostböden entweichen könnte. Und deren Beitrag zur Erwärmung wird dann wieder eingerechnet.

Ich bin in Mathe nie schlecht gewesen, aber ich habe mich schon mal beim Dreisatz verrechnet. Das Resultat war ein extrem mehliger Kuchen. Und das, wo ich nur versucht habe, ein altbekanntes Rezept mit leicht veränderten Mengen „nachzubacken"! Können sie sich den Geschmack des Kuchens vorstellen, den Klimaforscher backen? Hier versuchen Tausende Forscher, den Einfluss hunderter Zutaten zu vermessen, gleichen die Geschmäcker von 800.000 Jahre alten Kuchen miteinander ab und „füttern" dann Supercomputer mit Simulationen, die eine weltweite Klimatorte vorhersagen sollen. Aber bitte mit Sahne! Und um den Einfluss von Albedo und Permafrost zu integrieren, müssen sie genau vorhersagen, wo die Sahne und die Kirschen liegen werden. Backe, backe, fluchen? Dann doch lieber eine Tiefkühl-Torte aus der Permafrosttheke.

Neben den unberechenbaren Zutaten zur Torte müssen sich die Klimaforscher sogar noch mit dem rumplagen, was sie *nicht* mit in die Backform schmeißen. Auf ihrem Rezept stehen also nicht nur Zutaten, sondern auch Anti-Zutaten. Als kurze Hilfe zur Einschätzung für Sie: Das macht die Sache nicht leichter. Eine klassische Anti-Zutat sind beispielsweise die Ozeane. Die würden sie zwar klassischerweise auch nicht ins Rezept schreiben, weil eine normale Kastenform schon bei der Nordsee an ihre Grenzen kommt. Aber der Einfluss von Atlantik, Pazifik und Konsorten ist ein ganz anderer: Sie verlängern die Backzeit! Bis diese Tonnen von Wasser sich bis in einige Kilometer Tiefe so stark erwärmt haben wie die Landmassen, vergehen Jahrhunderte. Sie „bremsen" also die Erwärmung zunächst, indem sie Wärme (und nicht nur CO_2) absorbieren. Das ist eigentlich sehr nett von den Meeren. Aber Vorsicht, die Sache hat einen Haken: Diese und andere Bremsen verschleiern die wahre Geschwindigkeit des Klimawandels nur. Sie bewahren uns aber nicht vor der vollen Wucht der anthropogenen Klimaerwärmung, sondern verzögern diese lediglich. Es ist, als würden Sie in Schwiegermutters Auto die Handbremse permanent anziehen: Sie kommt später, aber sie kommt. Und dann mit noch viel mehr Wumms und extra sauer.

Daher unterscheiden Experten auch zwei verschiedene Klimasensitivitäten: Die kurzfristige (Transient climate response – TCR) und die langfristige (Equilibrium climate sensitivity - ECS).[1] Für unsere Generation ist die kurzfristige Klimasensitivität sicherlich die interessantere, da sie beschreibt, wie warm es wird, während Schwiegermutters Handbremse angezogen ist – der bremsende Einfluss der Meere wird also berücksichtigt. Die langfristige Antwort beschreibt was passiert, wenn die Bremse langsam an Wirkung verliert, die Meere sich erwärmt haben. Das wird für die Generationen nach uns erst richtig interessant, da der anthropogenen Klimawandel dann – selbst wenn wir die Emissionen sofort beenden – noch weiter fortschreiten wird.

Soweit zu den natürlichen Unsicherheitsfaktoren in den Projektionen des IPCC. Neben denen gibt es aber eine weitere Grup-

---

[1] S. Rahmstorf; H. J. Schellnhuber: Der Klimawandel. 6. Auflage, C.H. Beck Verlag, 2007, S. 42 ff.

pe an Unsicherheiten, die die Sache noch viel schwieriger machen – die Entwicklung der Menschheit. Das Bevölkerungswachstum hat einen riesigen Einfluss auf den Energieverbrauch. Aber noch interessanter ist, wie wir unsere Energie zukünftig erzeugen werden. Was wird technisch möglich sein und was wird wirtschaftlich umgesetzt? Fährt der Hummer zukünftig mit Frittenfett? Und wer erklärt dann den Holländern, warum ihr Frittenfett auf einmal so teuer geworden ist? Erkennen Verbraucher, Politik und Industrie ihre gemeinsame Verantwortung und setzen konsequent auf regenerative Energie und Verzicht? Oder gilt weiter „business as usual"?

All diese Unwägbarkeiten berücksichtigt der IPCC in verschiedenen Szenarien (Representative Concentration Pathways – RCPs) und zeigt damit auf, wie es weiter gehen könnte. Um eine Erwärmung von maximal 2 °C im Vergleich zum vorindustriellen Niveau zu erreichen, zeigt der IPCC einen Pfad auf (RCP 2.6), bei dem die CO_2 Emissionen im Jahr 2050 etwa wieder den Wert von 1950 erreichen und im Jahr 2100 auf null reduziert werden.[1] Mit dieser Entwicklung wäre es laut IPCC „wahrscheinlich", dass die anthropogene Erwärmung unter 2 °C bliebe, aber keinesfalls sicher (Wahrscheinlichkeit > 66 %). Man beachte die vorsichtige Formulierung, obwohl die gesamte zweite Gruppe an Unsicherheiten noch gar nicht berücksichtigt ist. Niemand erklärt, wie genau die Emissionen reduziert werden und wie der Pfad eingehalten werden kann. In anderen Szenarien greift der IPCC diese Unsicherheiten aber

---

[1] IPCC, 2014: Summary for Policymakers. In: Climate Change 2014: Mitigation of Climate Change. Contribution of Working Group III to the Fifth Assessment Report of the Intergovernental Panel on Climate Change [O. Edenhofer, R. Pichs-Madruga, Y. Sokona, E. Farahani, S. Kadner, K. Seyboth, A. Adler, I. Baum, S. Brunner, P. Eickemeier, B. Kriemann, J. Savolainen, S. Schlömer, C. von Stechow, T. Zwickel and J.C. Minx (eds.)]. Cambridge University Press, Cambridge, United Kingdom and New York, NY, USA

mit auf und überschlägt, welche Emissionen bei unbeschränktem Wachstum von Bevölkerung, Wirtschaft und Ressourcenverbrauch anstehen (RCP 4.5; 6.0 und 8.5). Hier steht uns eine Temperaturerhöhung von durchschnittlich bis zu sechs Grad ins Haus, in einigen Regionen bis zu zwölf Grad.

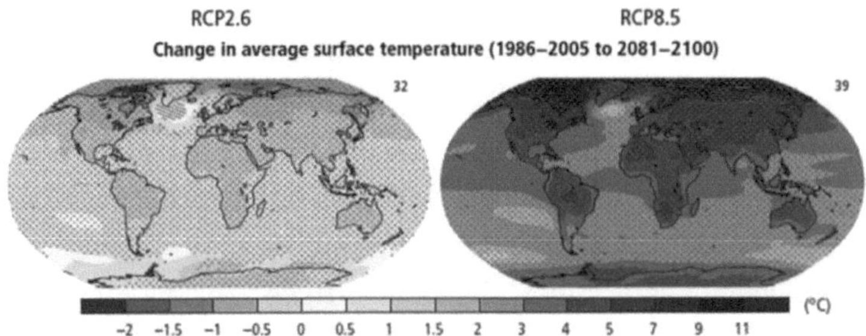

Regionale Klimaveränderungen bis 2100 laut der Szenarien des IPCC: Links das Szenario zum Erreichen des Zwei-Grad-Ziels, rechts das Szenario zum Erreichen des Bis-zu-zwölf-Grad-Ziels.[1]

Bei den dann zu erwartenden Sommertemperaturen will man nur noch baden. Wie praktisch, dass dann auch ein Anstieg des Meeresspiegels von bis zu einem Meter passieren wird. Und das ist erst die kurzfristige Reaktion des Klimas bis im Jahr 2100, während die Handbremse angezogen ist. Was danach kommt, weiß selbst der IPCC nicht einmal zu projizieren. Der Bericht enthält auch die Einsicht: „The risks of abrupt or irreversible changes increase as the magnitude of the warming

---

[1] IPCC, 2014: Synthesis Report. Summary for Policymakers. Cambridge University Press, Cambridge, United Kingdom and New York, NY, USA. S. 12

increases."[1] (Das Risiko abrupter und unumkehrbarer Veränderungen erhöht sich mit der Größenordnung der Erwärmung) Mit anderen Worten: Wir wissen es doch auch nicht! Und je wärmer es wird, je weiter wir uns vom aktuellen Status entfernen, desto weniger wissen wir und desto mehr bewegen wir uns auf unbekanntes Terrain. Vielleicht tauchen ein paar neue Zutaten in der Klima-Torte auf, die noch niemand kennt. Die Klima-Torte steckt voller Überraschungen. Vielleicht springt sogar irgendwann noch ein Stripper raus, wenn es warm genug wird? Apropos Stripper, wir fassen zusammen: Die Gefahr, dass es richtig unangenehm für Nietzsches und unseren Schwanz wird, wächst mit der Erwärmung.

Was bedeuten nun diese allgegenwärtigen Unsicherheiten für unsere Entscheidungen? Grundsätzlich gibt es, wie beim Hummerfang, drei Möglichkeiten.

Entweder es wird alles halb so schlimm, das Klima erwärmt sich kaum weiter und die Meere werden auch nicht ganz so sauer. Wir würden uns natürlich alle maßlos ärgern, wenn wir genügend Windräder aufgebaut hätten, um billigen Ökostrom für alle zu erzeugen, und dann rauskäme, dass wir weiter mit Kohle Strom erzeugen könnten. Jeder weiß, wie Windräder die Landschaft entstellen, und welch eine Augenweide dem gegenüber ein Kohlemeiler mit Tagebau ist. Dazu kommen wir später nochmal.

Zweite Möglichkeit: Es wird alles genauso schlimm wie vorausgesagt. Das wäre schon ziemlich gefährlich für Nietzsches Schwanz. Da würden wir dann vielleicht schon etwas weniger meckern über die Windräder.

Dritte Möglichkeit: Es wird alles noch viel schlimmer als vorausgesagt, dann ist Nietzsches Ding quasi schon jetzt ab. Dann

---

[1] IPCC, 2014: Synthesis Report. Summary for Policymakers. Cambridge University Press, Cambridge, United Kingdom and New York, NY, USA. S. 16

werden wir uns fragen, warum wir nicht viel schneller aus den fossilen Energien ausgestiegen sind. Wo wir das doch ohnehin irgendwann müssen, wenn sie aufgebraucht sind. Kann ja nicht mehr ewig dauern, oder? Dazu kommen wir auch später nochmal.

Kleiner Vorgriff: Im Moment schaut es eher so aus, als seien die Szenarien der Wissenschaftler etwas zu optimistisch gewählt. An Indikatoren wie dem Rückgang des Meereseises oder dem Anstieg des Meeresspiegels kann man die Projektionen aus den vergangenen Berichten mit den aktuellen Entwicklungen abgleichen. Es sieht nicht gut aus.

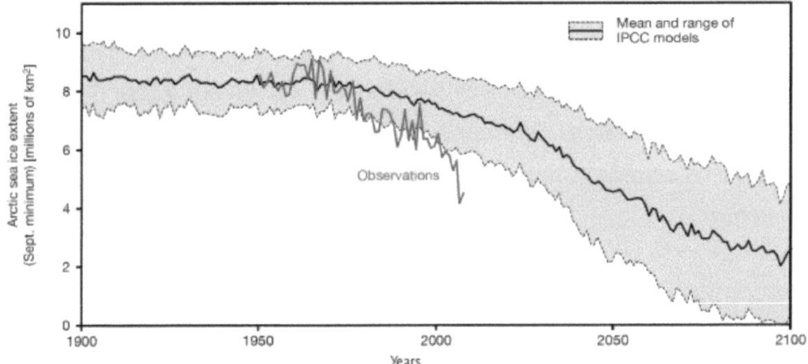

Opa Klima wird richtig munter: Der Rückgang der arktischen See-Eis-Fläche (jährliches September-Minimum) übertrifft alle Erwartungen des IPCC. Es geht viel schneller als erwartet!

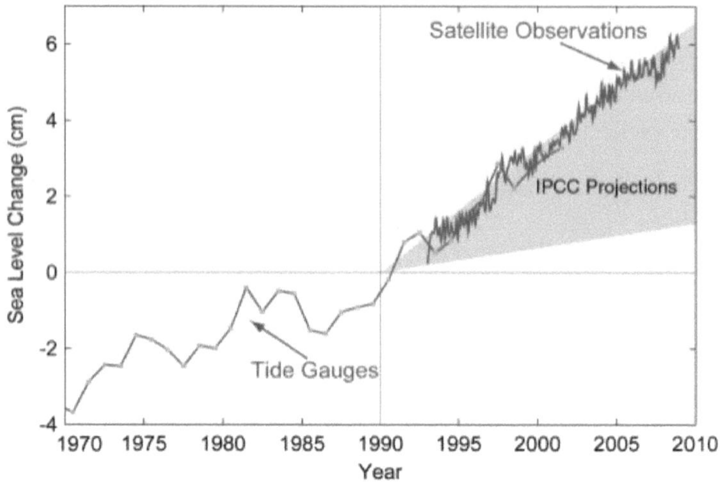

Auch was den Anstieg des Meeresspiegels angeht, bewegen wir uns am oberen Rand des projektierten Bereichs. Tipp: Wenn sie bis 2300 leben, erleben Sie vielleicht einen Anstieg des Meeresspiegels von 5 m. [1] Laut Szenario, es kann auch mehr werden.

Das alte Problem mit Prognosen und Szenarien bleibt: egal wie viele Wissenschaftler in die Zukunft schauen, es bleibt alles äußerst vage und unsicher. Manchmal kommt es ohnehin schlechter als man denkt – kaum jemand hätte prognostiziert, dass Trump gewählt wird und der Brexit kommt. Das heißt aber nicht, dass wir Prognosen und Szenarien einfach ignorie-

---

[1] The Copenhagen Diagnosis, 2009: Updating the World on the Latest Climate Science. I. Allison, N.L. Bindoff, R.A. Bindschadler, P.M. Cox, N. de Noblet, M.H. England, J.E. Francis, N. Gruber, A.M. Haywood, D.J. Karoly, G. Kaser, C. Le Quéré, T.M. Lenton, M.E. Mann, B.I. McNeil, A.J. Pitman, S. Rahmstorf, E. Rignot, H.J. Schellnhuber, S.H. Schneider, S.C. Sherwood, R.C.J. Somerville, K. Steffen, E.J. Steig, M. Visbeck, A.J. Weaver. The University of New South Wales Climate Change Research Centre (CCRC), Sydney, Australia, 60pp.

ren sollten. Wir hören auch nicht auf, Steuern zu zahlen, obwohl die Steuerschätzungen immer falsch sind, oder in Urlaub zu fahren, obwohl wir dort immer mehr ausgeben als gedacht.

Nein, getreu dem Motto „Es gibt nichts praktischeres als eine gute Theorie" sollten wir die Szenarien als Warnung sehen und unser Handeln darauf ausrichten. Im Moment deutet einiges darauf hin, dass es sogar schlimmer kommt als gedacht. Aber das kann sich ja noch ändern.

Die Tupper-Theorie

Die Symptome kennen Sie jetzt. Die atmosphärische CO_2 Konzentration steigt, wodurch sich die Erde erwärmt. Soweit alles klar. Aber wie genau schaffen wir es, Arrhenius' Erwartungen derart zu übertreffen, dass wir die Erde in dieser irren Geschwindigkeit aufheizen; schneller als das jemals zuvor der Fall war? Das kann ich Ihnen sagen. Es liegt an unserer Bequemlichkeit und an uralten Tupperdosen.

Das Prinzip des Eintupperns ist wahrscheinlich so alt wie die Menschheit. In guten Zeiten tuppert man überflüssige Lebensmittel ein, um sie in schlechten Zeiten wieder rauszuholen. Ohne dieses uralte Prinzip hätte ich wahrscheinlich noch deutlich länger studiert, als das ohnehin schon der Fall war. Die guten Zeiten in meinem Studium waren die Wochenenden, an denen ich zuhause bei meinen Eltern am Esstisch saß und Mamas gutes, selbstgemachtes Essen genoss. Die schlechten Zeiten waren die Wochentage, an denen ich quälend früh aufstehen musste, um rechtzeitig zum Mittag in der Mensa zu sein. Denn anders als am Küchentisch meiner Eltern gab es dort nach halb drei kein Essen mehr. So war es immer sehr angenehm, wenn ich eine Tupperdose mit Hausmannskost öffnen und verspeisen konnte (genauer gesagt, den Inhalt verspeisen konnte). Ich mochte auch immer das Ritual, einen Block Nudeln aus der Dose zu schälen, in dünne Scheiben zu zerteilen und mit der separat eingetupperten Bolognese-Sauce zu vermengen. Diese Art der Essenszubereitung entspricht meinen Koch- und Feinmotorik-Fähigkeiten jedenfalls deutlich besser als selbst zu kochen. Ich glaube, das trifft auf viele Studenten zu.

Im Prinzip hat Mutter Erde für uns Menschen ähnlich vorgesorgt, wie meine Mutter für mich. Allerdings hat Mutter Erde langfristiger eingetuppert, und da der Kühlschrank, in geologischen Zeiträumen gesehen, eben erst erfunden wurde, hat sie einfach in der Erdkruste eingetuppert. Außerdem hat sie keine Spaghetti Bolognese eingetuppert, sondern Sonnenenergie. Abgesehen von nuklearen Zerfallsprozessen und Gezeitenenergie haben wir auf der Erde eigentlich nur die Sonne als Energielieferanten. Alle anderen Energieformen, die wir nutzen, sind durch die Sonne bedingt. Glauben Sie nicht? Ich kann Ihnen das an einigen Beispielen erklären. Windenergie entsteht beispielsweise durch unterschiedlich erwärmte Luftmassen wie die Polarluft und die Tropikluft, die sich durch Luftbewegung ausgleichen. Die Erwärmung der Luft erfolgt durch die Sonne.

Wasserkraft entsteht durch die Verdunstung von Wasser, dass dann wieder auf die Erde abregnet, weswegen wir die gewonnene potenzielle Energie in Wasserkraftwerken nutzen können. Das Wasser verdunstet, weil es durch die Sonne erwärmt wird. Die Verbrennung von Holz nutzt die chemische Energie des Holzes, die durch Photosynthese – also wieder mal Sonnenlicht –eingelagert wurde. Die Verbrennung von Biogas aus Gülle nutzt die chemische Energie der Futterpflanzen, die das Tier im Verdauungsprozess nicht nutzen kann und ausscheidet. Die chemische Energie der Futterpflanzen stammt aus der Photosynthese. So gesehen stecken in meinen Nudeln mit Bolognese auch nicht nur die Energie meiner Mutter, sondern auch die der Sonne. Und meine Mutter ist ebenfalls aus Sonnenenergie, und ich sowieso. So gesehen ist der verklärte Ausspruch „Mein kleiner Sonnenschein", wie Eltern ihr Kind manchmal nennen, eigentlich eine physikalische Beschreibung des Energiezustands des Kinds. Aber lassen wir diesen philosophischen Exkurs.

Irgendwann hat Mutter Erde erkannt, dass sie einen Teil der Energie, der ihr täglich auf den Bauch scheint, einlagern kann für schlechtere Zeiten.[1] Das hat sie getan, indem sie Biomasse in Form von abgestorbenen Algen und Plankton-Leichen am Meeresboden abgelagert hat. Und weil jede Tupperdose einen Deckel braucht, hat Mutter Erde darüber einfach dicke Schichten Schlamm abgelegt – unser heutiges Tupper-Plastik war damals ja noch nicht erfunden. Wie auch, schließlich braucht man Erdöl zur Herstellung von Plastik, und das musste zunächst entstehen.[2] Das passierte innerhalb einiger Millionen Jahre genau hier unter dem Schlamm. Im Unterschied zum Eintuppern heute, bei der man versucht, das Eingetupperte in seiner aktuellen Form zu konservieren, hat Mutter Erde ganz bewusst in Kauf genommen, dass es zu chemischen Veränderungen der Materie kommt. In ewig lange dauernden Prozessen wurde aus der ursprünglichen Biomasse Kohle, Erdöl oder Gas. Wenn Sie einmal eine Tupperdose hinten im Kühlschrank vergessen, und vielleicht ihr Kühlschrank dann auch noch kaputt geht und warm wird, können Sie den Anfang dieses Prozesses beim Öffnen der Tupperdose nachvollziehen. Zumindest das Entstehen eines Faulgases können Sie direkt olfaktorisch („nasal") nachweisen. Wenn Sie beim nächsten Mal den Sauerstoff aus der Tupperdose absaugen, den Druck erhöhen und etwas länger warten, wird vielleicht Erdgas daraus wie bei Mutter Erde.

---

[1] Anders als bei Erwin dehnt sich bei Mutter Erde allerdings nicht der Äquator aus, wenn die Energie einlagert.
[2] Nachzulesen beispielsweise unter
http://www.planet-wissen.de/technik/energie/erdoel/pwiewieisterdoel
entstanden100.html; 12.01.2018

Wer kennt das nicht: Nach einer üppigen Ernte tuppert man ein. Eine kleine Fehlfunktion des Kühlschranks (+150 °C), und einige Millionen Jahre später ist Kohle, Öl oder Gas daraus geworden.

Irgendwann hat die Menschheit gemerkt, dass Mutter Erde massiv eingetuppert hat. Und ähnlich wie ich sind unsere Vorfahren darauf gekommen, dass man nicht um halb drei in der Mensa sein muss, wenn man noch eine volle Tupperdose zuhause hat. Mit anderen Worten: Man hat erkannt, dass man viel bequemer leben kann, wenn man nicht nur die aktuell von der Sonne zugeführte Energie nutzt, sondern auch die in Form von Kohle, Öl und Gas eingetupperte Energie. Tupper-Party! Jeder, der im Bekanntenkreis bereits an einer Tupper-Party teilgenommen hat, weiß: Es ist nicht schön, wenn eine Tupper-Party eskaliert. Wir sind aber gerade ganz klar an der Schwelle zur Eskalation. An zwei Beispielen möchte ich die Größenordnung des Tupperwahns verdeutlichen. Im ersten Beispiel werde ich Ihnen zeigen, in welcher Größenordnung Sie auf Mutter Erdes Tupperenergie zugreifen, wenn Sie Ihr Auto volltanken. Im zweiten Beispiel möchte ich Ihnen die schiere Größe des Braunkohletagebaus vor Augen führen.

Erstes Beispiel. Sie besitzen vermutlich ein Auto, oder fahren zumindest regelmäßig mit einem Auto. Als klassisches Beispiel nehmen wir einmal den VW Golf. In den Tank eines Golfs passen etwa 50 Liter Kraftstoff, ob Diesel oder Benzin spielt eine untergeordnete Rolle. Wenn Sie Ihren Golf einmal volltanken, verbrauchen Sie also 50 Liter eingetupperte Energie. Eigentlich verbrauchen Sie sogar noch etwas mehr, da das Öl von der Quelle erst mal zu Ihnen kommen muss („well-to-wheel"), wobei bereits Öl verbraucht wird. Das sei hier einmal vernachlässigt.

Das Öl, welches Sie in Ihren Golf tanken, ist über einen Zeitraum von Jahrmillionen in die Erde eingetuppert worden. Weil Mutter Erde kein Haushaltsbuch über ihre Tupperwirtschaft geführt hat, wissen wir bis heute nicht ganz genau, wie lange und wie viel sie eingetuppert hat. Klar ist, dass es einige Millionen Jahre gedauert hat – gehen wir der Einfachheit halber von geschätzten 150 Millionen Jahren aus. Klar ist auch, dass es ziemlich viel ist: Schätzungen gehen von 1.750 bis über 3.000 Gigabarrel Rohöl aus, entsprechend 277 bis 474 Billionen Liter.[1] Da die Schätzungen recht weit auseinander gehen, nehme ich für die weiteren Berechnungen einfach den ungefähren Mittelwert von 350 Billionen Liter an. Zur Einschätzung der Größenordnung: Diese Menge würde ausreichen, um das 357.386 km² große Deutschland[2] unter einer knapp einen Meter dicken Ölschicht zu begraben. Nicht schön, oder? Wir können allerdings aufatmen, da wir sicherheitshalber grob die Hälfte des Öls bereits verbrannt haben – die Ölschicht wäre also nur noch einen halben Meter dick. Sicher ist sicher.

Gleich kommen wir zu Ihrem Golf zurück. Lassen Sie uns aber erst spaßeshalber die Produktivität unseres Planeten ausrechnen (schließlich leben wir in einer Marktwirtschaft und argumentieren gerne mit der Produktivität). Wenn die Erde 350 Billionen Liter in 150 Millionen Jahren produziert hat, entspricht das

---

[1] V. Smil: Energy at the Crossroads. The MIT Press, 2005. S. 195ff.
[2] Statistische Ämter des Bundes und der Länder: Gebiet und Bevölkerung. http://www.statistik-portal.de/Statistik-Portal/de_jb01_jahrtab1.asp; 12.01.2018

einer Produktivität (Leistung) von 2,3 Millionen Litern pro Jahr. Sie tanken davon 50 Liter in Ihren Golf. Das heißt, wenn Sie ihren Golf einmal in Jahr volltanken, konsumieren Sie ca. 0,002 % der Welt-Jahresproduktion an Öl. Das ist ungefähr Nichts! 0,002 % entsprechen 0,02 Promille, damit werden Sie ja wohl noch Auto fahren können! Was soll der Geiz?

Das Problem entsteht, da nicht nur Sie Ihren Golf volltanken, sondern auch andere. In Deutschland sind knapp 46 Millionen PKW zugelassen.[1] Werden all diese Fahrzeuge nur einmal im Jahr getankt, multiplizieren sich die 0,002 % jedes Tankvorgangs zu insgesamt 100.000 % der Welt-Öl-Jahresproduktion. Um auf Peter Zwegat zurück zu kommen: Die Ausgabenseite (Tanken) übersteigt die Einnahmenseite (Welt-Öl-Jahresproduktion) ein kleines bisschen. Bleiben unterm Strich -100.000 % Rendite. Da müssen wir was tun.

Zum Vergleich: Als die Griechen 2009 15 % mehr ausgaben, als sie einnahmen, löste das eine europäische Krise aus.[2] Das Problem war nicht nur die schiere Größe des Schuldenbergs, sondern auch, dass die Griechen keinen wirklichen Plan hatten, wie sie jemals aus den Schulden rauskommen sollten. Vergleichen Sie mal die Größenordnungen und unsere Bereitschaft, an Lösungen zu arbeiten. Merken Sie etwas? Wir sind alle Griechen! Wir müssen alle sparen! Und, ich möchte zwar kein Spielverderber sein, aber ich vermute unsere ökologischen Schulden sind etwas dringender als die monetären Schulden. Denn während Geld wie Herpes ist und irgendwie immer wieder kommt, sind Ressourcen eher wie die Unschuld – was einmal weg ist, kommt so schnell nicht wieder! Oder, nach § 4 des

---

[1] Kraftfahrtbundesamt (KBA): Bestand.
https://www.kba.de/DE/Statistik/Fahrzeuge/Bestand/bestand_node.html; 12.01.2018
[2] Eurostat: Government deficit/surplus, debt and associated data.
http://appsso.eurostat.ec.europa.eu/nui/show.do?dataset=gov_10dd_edpt1&lang=en; 12.01.2018

„Jrundjesetzes vunn Kölle": „Wat fott is, is fott!" Daher sollten wir langsam mal darüber nachdenken, ob der nächste Bundeskanzler nicht Peter Zwegat heißen sollte.

Weiter sollten wir noch bedenken, dass wir hier das einmalige Volltanken aller deutschen Autos betrachten. Schauen Sie mal rüber in die USA. Die Amerikaner tanken nicht irgendeinen Golf voll, sondern nehmen direkt den Golf von Mexiko. Da geht richtig viel rein! Etwa 380 Millionen Liter Öl, wie BP 2010 experimentell ermittelt hat.[1] Damals explodierte und versank die Bohrinsel „Deepwater Horizon" im Golf von Mexiko. Wochenlang strömte Rohöl aus dem kilometertiefen Bohrloch ins Meer, bevor es den Experten gelang, das Loch zu dichten.

Die im Golf von Mexiko ausgetretene Menge könnte man übrigens umrechnen in etwa zehn Exxon Valdez-Unglücke. Die Havarie des Öltankers Exxon Valdez in Alaska 1989 war lange Zeit das Musterbeispiel für eine verheerende Ölkatastrophe, ausgelöst durch lasche Vorschriften und menschliches Versagen.[2] Dass die Exxon Valdez diese Beispielrolle eingenommen hat, verdankt sie nicht nur der Größe der Katastrophe, sondern vor allem der medialen Aufmerksamkeit. Ein Tanker, der in einem pittoresken Meeresarm auf Grund liegt, ein Ölteppich, der sich im blauen Wasser ausbreitet, und niedliche Otter, die im Öl schwimmen – kein Wunder, dass die Medien hier in ausführlichen Reportagen berichteten.

Auf der anderen Seite der Welt hingegen, in Nigeria, wartet die Bevölkerung seit einem halben Jahrhundert darauf, dass ihr Land als Musterbeispiel einer Ölkatastrophe medial aufbereitet wird. Was die Größenordnung angeht, haben die Nigerianer die Exxon Valdez längst abgehängt: Die 38 Millionen Liter, die

---

[1] J. Schmitt-Tegge: Die lange Katastrophe der „Deepwater Horizon". https://www.welt.de/wissenschaft/article139533067/Die-lange-Katastrophe-der-Deepwater-Horizon.html; 12.01.2018
[2] http://www.spiegel.de/thema/exxon_valdez/; 16.12.2017

aus der Exxon Valdez liefen, laufen am Niger-Delta jedes Jahr aus den Pipelines – seit 50 Jahren![1] Hätten Sie gedacht, dass in Nigeria so viel getankt wird? Allerdings gibt es nicht „das Leck" und „die Katastrophe", sondern viele kleine Lecks in den Pipelines – etwa so, als würden ganz viele Menschen täglich ihren Golf volltanken. Eine Katastrophe wird daraus erst durch die Summierung der Einzelereignisse, so wie aus einem Mosaik auch nur mit etwas Abstand ein Bild wird. Generationen von Medienwissenschaftlern und Journalisten sind beim Versuch verzweifelt, solche „Mosaik-Katastrophen" medial aufzubereiten. Aber wider den Erwartungen hat auch die Erfindung von Privatfernsehen und Internet nicht den informativen Durchbruch gebracht. Der Grund: Es gibt keine Otter am Niger. Gäbe es doch wenigstens Katzenbabys, dann hätte man seit der Erfindung des Internets eine Chance. Aber mit einer sabbernden Hyäne im Öl haben die wenigsten Mitleid.

Trotzdem hofften die Bewohner des Niger-Deltas über Jahrzehnte, dass die Medien es schaffen würden, diese riesige Umweltkatastrophe der Welt vor Augen zu führen. Aber gerade als die Katastrophe der Exxon Valdez langsam in Vergessenheit geriet, explodierte die „Deepwater Horizon" im Golf von Mexiko und brachte wieder alles mit, was die Medien brauchen: Explosionen, Rauchsäulen, ein sich permanent ausbreitender, scheinbar unaufhaltsamer Ölteppich. Die Nigerianer guckten wieder in die Röhre.

---

[1] A. Nossiter: Far From Gulf, a Spill Scourge 5 Decades Old. New York Times, New York Edition, 17. Juni 2010. Abzurufen unter http://www.nytimes.com/2010/06/17/world/africa/17nigeria.html; 13.01.2018

Explosion der Bohrinsel „Deepwater Horizon“ im April 2010.
„Only bad news are good news!“

Ich hatte Ihnen noch ein zweites Beispiel versprochen, um die Größenordnung des Tupperwahns zu verdeutlichen. Das wird nun etwas weniger dramatisch, da es um Kohle geht. Kohle wird zwar oft als „dreckiger“ Brennstoff bezeichnet, da bei ihrer Verbrennung vergleichsweise viel CO_2 freigesetzt wird. Aus Umweltsicht gibt es aber einen riesigen Vorteil zum Öl: Kohle ist ein Feststoff, der nicht auslaufen kann. Außerdem muss sie nicht um die halbe Welt transportiert werden, da sie direkt bei uns in Deutschland abgebaut werden kann. Zwischen Aachen und Köln befindet sich das „Rheinische Braunkohlerevier“ mit den ebenso großen wie umstrittenen Tagebauen „Garzweiler“ (110 km²), „Hambach“ (85 km²) und Inden (45 km²). In diesen drei Tagebauen liegen insgesamt knapp drei Milliarden Tonnen Braunkohle, die derzeit ausgetuppert werden. Das Problem ist hier, dass Mutter Erde beim Eintuppern unfassbar schwere Deckel verwendet hat: für den Abbau der Braunkohle müssen knapp 13 Milliarden Tonnen Abraum bewegt werden.[1] Man muss sich schon schwer wundern, wie wenig effizient Mutter Erde bisweilen eingetuppert hat. Als ob uns das Schaufeln Spaß machen würde!? Die Tupperdose ist mehr als viermal so schwer wie der Inhalt! Da hätte ich wahrscheinlich lange überlegt, ob ich nicht doch in die Mensa gehe. Wir tuppern im Rheinland trotzdem aus, was das Zeug hält. Bereits der kleinste (320 Millionen Tonnen Braunkohle) und effizienteste (Verhältnis Abraum / Kohle = 2,2 / 1) der drei Tagebauen, der Tagebau Inden, wird eine Mulde mit einem Volumen von etwa 800 Millionen Kubikmetern hinterlassen. Das ist so gigantisch, dass das Fluten der Mulde mit dem Wasser des nahe gelegenen Flüsschens „Rur", was nach dem Auskohlen ab etwa 2030 geschehen soll, etwa 25 Jahre dauern wird. Bei den größeren Tagebauen wird das Fluten bis zu 60 Jahre in Anspruch nehmen.[2] Dabei wird davon ausgegangen, dass pro Sekunde etwa eine Tonne Wasser zufließt. Das entspricht ungefähr dem Gewicht eines Autos wie dem VW Golf. Es fällt also mehrere Jahrzehnte lang ein Auto pro Sekunde in die Mulde, bis sie voll ist. Noch Fragen zu den Dimensionen?

Ich wollte eigentlich vorschlagen, das im Golf von Mexiko oder das im Niger-Delta ausgelaufene Öl in die alten Tagebauen zu leiten, um einen klassischen Win-Win-Effekt zu erzielen. Das Öl wäre aus den Gewässern raus und das Auffüllen der Mulden würde schneller gehen.[3] Beim Vergleich der Größen fällt aber auf, dass der Effekt marginal wäre. Die in den Golf

---

[1] Alle Angaben nach http://www.rwe.com/web/cms/de/59998/rwe-power-ag/energietraeger/braunkohle/standorte/tagebau-garzweiler/; 13.01.2018

[2] Wenn aus Kohlefeldern Seen werden. https://www1.wdr.de/archiv/bergbau-spaetfolgen/bergbau_spaetfolgen132.html; 13.01.2018

[3] Wenn wir dann noch Otter oder Katzenbabys dort schwimmen ließen, wäre auch medial alles perfekt.

von Mexiko getankte Ölmenge würde auf der Fläche des Tagebau Inden gerade einen knappen Zentimeter hoch stehen. Cleverer wäre also, VW Golf in die Mulde zu schmeißen, und diese idealerweise zuvor mit dem Öl aus dem Golf von Mexiko zu betanken. Mit den 380 Millionen Litern könnte man immerhin 7,6 Millionen VW Golf betanken, knapp ein Viertel aller jemals produzierten Golf.[1] Das Gute daran: Bei einem Golf pro Sekunde wären die 7,6 Millionen Golf inklusive dem Öl aus dem anderen Golf nach knapp 3 Monaten bereits in der Grube. Dann müsste man nur noch die restlichen 24 Jahre und 9 Monate Wasser nachkippen und könnte Urlaub am Golf ohne Flug und Jetlag anbieten, was wiederum der Umwelt zugutekäme. Eine Win-Win-Win-Situation!

Blick in den Tagebau Garzweiler. Hier sieht man auch, dass Windenergieanlagen (im Hintergrund) keine Alternative zur Kohle darstellen, da sie die Landschaft entsetzlich entstellen.

Es wäre wohlfeil und Selbstbetrug, diese Dimensionen den entsprechenden Unternehmen anzulasten. Die Unternehmen sind Dienstleister, die unsere Bedürfnisse nach billiger Energie

---

[1] http://www.spiegel.de/wirtschaft/unternehmen/volkswagen-feiert-30-millionsten-vw-golf-a-905933.html; 16.01.2018

befriedigen – sie sind quasi unsere Diener, von denen wir uns die Tupperdosen öffnen lassen. Damit sind wir die Drahtzieher hinter der Tupper-Theorie oder zumindest Anstifter zum Austuppern. Ein schöner Titel, oder? Wenn sie das nächste mal tanken, heizen oder ihr Handy laden, dürfen Sie sich offiziell den Titel „Anstifter zum Austuppern" verleihen. Es ist daher nur fair, wenn wir den verursachten CO_2 Ausstoß auf die Bevölkerung eines Landes umrechnen. Das machen wir für exemplarisch ausgewählte Länder.

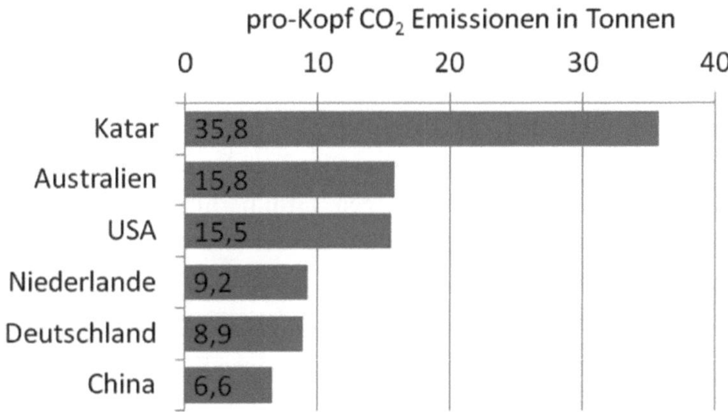

Durchschnittliche Tupper-Raten ausgewählter Länder in 2015[1]

Die erste Überraschung: Katar liegt mit weitem Abstand an der Spitze der pro-Kopf Emittenten. Dass Katar nie in den Statistiken der landesspezifischen Emissionen auftaucht liegt daran, dass es sehr klein ist. Die Höhe der CO_2 Emissionen liegt vielleicht daran, dass derzeit viele Stadien in der Wüste gebaut werden: Da braucht man schon einiges aus der Tupperdose.

---

[1] Erstellt aus Daten von statista:
https://de.statista.com/statistik/daten/studie/167877/umfrage/co-emissionen-nach-laendern-je-einwohner/; 12.12.2017

Australien tuppert ähnlich viel aus wie die USA, obwohl der anthropogene Klimawandel eines der bekanntesten Ökosysteme der Welt, das große Barriereriff vor der australischen Nordostküste, direkt bedroht. Aber dort schwimmen eben auch keine Katzenbabys, sondern nur Katzenhaie. Keine Konkurrenz. Die Niederlande liegen knapp vor Deutschland – ein Unterschied, der vielleicht mit dem Stromverbrauch der vielen Fritteusen begründet werden kann. Die zweite Überraschung: China liegt weit abgeschlagen, obwohl es wegen seiner schieren Größe in einer landesspezifischen Betrachtung der weltgrößte Emittent ist. Fairer und objektiver finde ich allerdings diese pro-Kopf-Betrachtung.

Mit dem Wissen, dass die Chinesen pro-Kopf weitaus weniger emittieren als wir Mitteleuropäer, fällt es schon deutlicher schwerer, die üblichen Ausreden für unser Nichtstun in Sachen Emissionsreduktion vorzubringen.[1] Immerhin auf die US-Amerikaner ist Verlass: Hier können wir uns sowohl aufgrund der Größe des Landes als auch hinsichtlich der pro-Kopf Emissionen entspannt zurücklehnen und argumentieren „Solange die Amerikaner so weitermachen, bringen unsere Anstrengungen gar nichts." Eine Denkweise, von der ich dachte, dass man sie üblicherweise mit Verlassen des Sandkastens („Er hat aber mehr gehauen!") ablegt. Sollte diese Argumentationsweise aber überzeugen können und Schule machen, freue ich mich schon auf die Umwälzungen im deutschen Rechtssystem nach diesem Vorbild.

„Angeklagter, Sie geben also zu, dass Sie zwei Menschen erschlagen haben?

---

[1] Man bedenke dabei auch, dass China große Teile unserer Güter produziert und deswegen ein Teil unseres CO_2 Ausstoßes übernimmt. „CO_2 made in China!"

„Mein Mandant gibt zu, dass er zwei Menschen erschlagen
hat. Aber der Amerikaner dort hinten hat zeitgleich drei
oder vier auf dem Gewissen, der Katari sogar acht, und der
Chinese immerhin eineinhalb. Ich beantrage daher, dass der
Angeklagte frei gesprochen wird.“

Und während diese Argumentationsweise auf internationalen
Klimakonferenzen Gehör findet, wissen wir ganz klar: So
kommen wir niemals zu einer Veränderung. Zurück in die
Sandkästen mit den Politikern, die so argumentieren! Sie haben
eine wichtige Lektion in ihrer Kindheit nicht gelernt.

In dubio pro Tupper

Schon immer gab es clevere Köpfe und Vordenker, die unsere Tupper-basierte Wirtschaft kritisch gesehen haben. Ob es die Hippies waren, der „Club of Rome" oder die erste „Warnung an die Menschheit": Es gab immer genügend kritische Stimmen, und es gab auch immer findige Ingenieure, die mit ihren ökologischen Technologien die Welt verbessern wollten. Als Beispiel schauen wir uns Öko-Technologien in Autos an, die bereits in den 90er Jahren entwickelt wurden. Und da das letzte Gedicht schon zwei Kapitel her ist, sollten wir das einmal mehr in Gedichtform tun.

In den 90ern wurde grün gedacht,
doch Auto-Kunden haben meist drüber gelacht.
Öko-Autos waren tolle Ideen,
aber im Autohaus blieben sie steh'n.
Dabei brauchen wir sie auf lange Sicht!
Doch richtig erfolgreich war das nicht.

„Der erste Öko, den man kaufen kann"[1]
So lautete VWs Werbeslogan, *(sprich: ...slogAAAn)*
um mit Schaltindikator und Start-Stopp-Anlagen
dem Benzinpreisanstieg ein Schnippchen zu schlagen.
Die Ingenieure schoben dafür 'ne Sonderschicht!
Doch richtig erfolgreich war das nicht.

---

[1] J. Diebäcker: VW Golf Ecomatic. http://www.rp-online.de/leben/auto/fahrberichte/vw-golf-ecomatic-aid-1.2852005; 13.01.2018

Auch bei Greenpeace so mancher Kopf rauchte,
für einen Kleinwagen, der nur 3 Liter brauchte![1]
1995 erblickte er das Licht,
Doch richtig erfolgreich war das nicht.

Auch Ingenieure bei Daimler waren kreativ,
bauten ein Auto, das mit Brennstoffzelle lief.[2]
Kein CO_2! Das Argument war schlicht.
Doch richtig erfolgreich war das nicht.

Wie Sie sehen, wurde sowohl an effizienten Autos mit Verbrennungsmotor gearbeitet (Golf Ecomatic, Greenpeace Kleinwagen) als auch an neuen Energieträgern, um dem Öl-basierten Verkehr eine vollständig neue Energiebasis zu geben (Brennstoffzelle). Die Kunden haben sich für diese ökologischen, innovativen Konzepte allerdings kaum interessiert – nahezu alle Öko-Technologien sind damals gefloppt.[3] Woran liegt das?

Stellen Sie sich vor, Sie stehen an einem Kiosk mit lauter prall gefüllten Tupperdosen voller Leckereien, die alle kaum etwas kosten. Ihre Nachbarn links und rechts bedienen sich ungeniert, der Kioskbesitzer teilt freudestrahlend großzügig aus, und alle haben gute Laune. Irgendwo in der Ecke liegen Zeitschriften mit warnenden Artikeln, dass die Tupperdosen irgendwann leer sein könnten und der Leckereienkonsum außerdem nicht gesund sei. Aber davon merkt bisher niemand etwas, und außerdem versi-

---

[1] https://www.greenpeace.de/themen/energie/energiewende/smile-der-1-schritt-die-haelfte-sprit; 13.01.2018
[2] http://media.daimler.com/marsMediaSite/de/instance/ko/Die-Geschichte-der-Brennstoffzellen-Entwicklung-beibrMercedes-Benz.xhtml?oid=9274161; 13.01.2018
[3] https://www.auto-motor-und-sport.de/news/gebrauchte-sprit-spar-modelle-alte-knauserer-von-audi-a2-bis-vw-lupo-1840037.html; 13.01.2018

chert der Kioskbesitzer, dass er noch genügend auf Lager habe. Außerdem seien Diabetes und Übergewicht sowieso nur Erfindungen der Wissenschaftler und Pharmakonzerne. Es ist ganz natürlich, dass man sich in dieser Situation eher auf die Leckereien als auf die kritischen Zeitschriften stürzt.

Die Leckereien sind die günstige fossile Energie der letzten Jahrzehnte. Wir schauen uns stellvertretend die Preisentwicklung und die Produktionsmenge von Rohöl an.

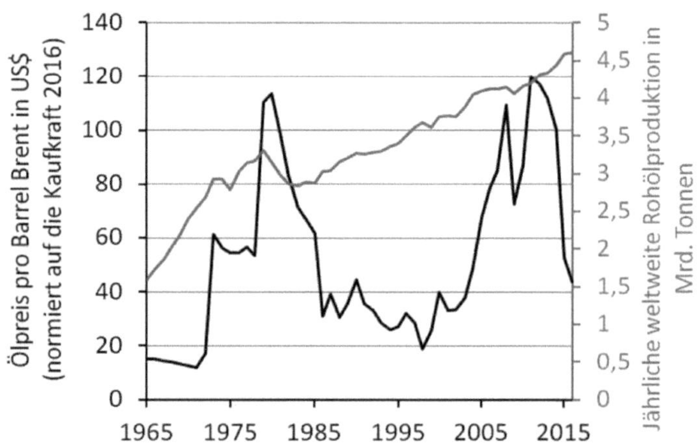

Preisentwicklung und Produktionsmenge von Rohöl seit 1965.[1]

---

[1] Der Graph wurde basierend auf folgenden Quellen erstellt:
Produktionsmengen:
https://de.statista.com/statistik/daten/studie/40120/umfrage/welt-insgesamt---erdoelproduktion-in-tausend-barrel-pro-tag/; 08.11.2017
Ölpreis ab 1965:
https://de.wikipedia.org/wiki/%C3%96lpreiskrise#/media/File:Oil_Prices_Since_1861.svg; 08.11.2017
Ölpreis ab 1975:
https://de.statista.com/statistik/daten/studie/1123/umfrage/rohoelpreisentwicklung-uk-brent-seit-1976/; 08.11.2017
Inflationsrate zur Normierung auf die Kaufkraft von 2016:
http://www.inflation.eu/inflation-rates/united-states/historic-inflation/cpi-inflation-united-states.aspx; 07.11.2017

Zur Einordnung: Die aktuelle jährliche Rohölproduktion von 4,5 Milliarden Tonnen entspricht in etwa der Gesamtmenge an Beton, die in den USA im gesamten 20. Jahrhundert verbaut wurde.[1] Und noch einmal: Noch Fragen zur Größenordnung? Aber wir wollten uns ja erst einmal den Verlauf anschauen. Wie bei den Leckereien unterliegt die Entwicklung der Preise und Fördermengen politischen und technischen Rahmenbedingungen. Ein Beispiel für eine politische Rahmenbedingung am Kiosk ist die hübsche Dame neben Ihnen. Wenn sie den Kioskbesitzer freundlicher anlächelt als Sie, wird er vielleicht bevorzugt an die Dame verkaufen. Ein Beispiel für eine technische Rahmenbedingung ist seine Lagerhaltung. Wenn der Kioskbesitzer in den hinterletzten Lagerraum laufen muss, um mit der langen Leiter neue Tupperdosen zu erschließen, werden die Leckereien temporär knapper. Bei Öl ist das sogar teilweise noch ein bisschen komplexer.

Zunächst zu den politischen Faktoren: Wir sehen in der Preisentwicklung klar die als „Ölkrisen“ bekannten Preisanstiege aus den Jahren 1973 und 1979. Danach fielen die Preise jedoch kontinuierlich. In den 90er Jahren waren die Preise geprägt von geringen Unsicherheiten durch die Kriege in Kuwait und Irak (Preisanstieg Anfang der 90er Jahre, Preisverfall Ende der 90er Jahre bei Wiederaufnahme der Irakischen Ölproduktion), weswegen die Öko-Autos in den 90ern rein finanziell keine Chance hatten.[2] Ab 2005 ist der Ölpreis wiederum auf ein ähnlich hohes Niveau gestiegen wie in den 70er Jahren - Hurrikan Katherina und Arabischem Frühling sei Dank. Aber genauso wie zuvor ist er auch wieder auf das niedrige Niveau der 90er Jahre gefallen.

---

[1] http://www.sueddeutsche.de/wissen/die-zahl-milliarden-tonnen-1.2411320; 09.11.2017
[2] V. Smil: Energy at the Crossroads. The MIT Press, 2005. S. 151

Kommen wir zu den technischen Rahmenbedingungen. Das wären im Kiosk die Länge der Leiter und die Reichweite der Arme des Kioskbesitzers, die sich stetig zu verlängern scheinen. Seit 1969 wird immer wieder der Rückgang der globalen Ölförderung nach dem so genannten „Peak Oil", dem globalen Ölfördermaximum, prognostiziert.[1] Das ist aber weit und breit nicht in Sicht. Warum nicht? Bei den Prognosen wurde meist nur unzureichend bedacht, dass immer neue Quellen entdeckt werden und dass die Techniken zur Ölförderung immer besser werden. Heute können beispielsweise kanadische Ölsände wirtschaftlich ausgebeutet werden.

Mit anderen Worten: Unser Kioskbesitzer lernt nie aus! Er entdeckt Tupperdosen in entlegenen Winkeln seines Ladens, macht Yoga, um diese in akrobatischen Posen zu erreichen, und entdeckt „unkonventionelle" Lagerstätten von Tupperdosen. Letztere sind zwar so tief im Keller, dass er auf dem Weg nach oben bereits die Tupperdose zu einem guten Teil leer gegessen hat, aber die andere Hälfte bringt immer noch einen guten Gewinn im Verkauf! Wenn zur Erdgasproduktion in Russland der Permafrostboden gekühlt werden muss, dann kann zur Ölproduktion in Kanada auch der Ölsand ewig lange gesiebt und gekocht werden. Das ist zwar noch weniger effizient als Tupperdosen die Treppe hoch zu schleppen, aber es „schmeckt" den Menschen einfach so gut.

Als Resultat sehen wir eine fast stetig wachsende Ölfördermenge. Ich habe in der Schule, in Erdkunde und Sozialwissenschaften, immer von „knappen Ressourcen" gelernt – also Ressourcen, die in einer endlichen Menge vorhanden sind. Folglich wird die Ressource immer knapper, je mehr man von ihr verbraucht. Beim Öl scheint das allerdings umgekehrt zu sein: Je mehr wir verbrauchen, desto mehr neues kann man erschlie-

---

[1] V. Smil: Energy at the Crossroads. The MIT Press, 2005. S. 185ff.

ßen! Das einzige, was sich hier zu verknappen scheint, ist offenbar die Ressourcenknappheit.

Kleiner Exkurs: Bitte verwechseln Sie verknappende Ressourcen nicht mit dem Verklappen von Ressourcen, obwohl beides parallel stattfindet. Ich erkläre Ihnen, inwiefern. Einen kleinen Teil des geförderten Öls verbrennen wir nicht, sondern wandeln ihn chemisch in Plastik um. Plastik ist extrem vielseitig und begegnet uns permanent – zum Beispiel als Kleidung, Gehäuse vom Smartphone oder als Verpackungsmüll auf der Wiese neben der Autobahnausfahrt. Aus wirtschaftlicher und teils auch sogar aus ökologischer Sicht ist es sehr sinnvoll, Plastik einzusetzen, da es im Vergleich zu Baumwollkleidung, Blechgehäuse und Glasflasche günstiger und teils umweltschonender hergestellt werden kann. Allerdings endet diese positive Bilanz oft mit dem Ende des Produktlebens. Plastikmüll ist eigentlich wiederum eine Ressource, die recycled werden könnte – im ungünstigsten Fall „thermisch", also durch Verbrennen. Öl verbrennt man schließlich auch, warum nicht den Umweg über ein Plastikprodukt gehen und anschließend zur Energiegewinnung verbrennen? Ökologisch ungünstiger schneidet sicherlich das Verklappen dieser Ressource im Meer ab, was derzeit im großen Stil stattfindet. Zwischen 0,1 % und 0,3 % der Produktionsmenge an Erdöl wird jährlich in Form von Plastikmüll in die Weltmeere eingetragen (4,8 – 12,7 Millionen Tonnen).[1] Man könnte meinen, dass dies ein globaler Masterplan für eine neue Art des Langzeit-Recyclings sei: Aus Meereslebewesen wie Fischen wird im Laufe von Millionen Jahren Öl. Aus Öl wird Plastik hergestellt, welches wiederum in die Meere gelangt und die aktuellen Fischbestände langsam ersetzt. Die

---

[1] C. Sherrington; C. Darrah; S. Hann; G. Cole; M. Corbin: Study to support the development of measures to combat a range of marine litter sources. Report for European Commission DG Environment, 2016. S. 102

Zahlen sprechen für diese Theorie. Derzeit haben wir bereits ein Gewichtsverhältnis Fisch / Plastik = 5 / 1. Es wird geschätzt, dass bereits in gut 30 Jahren, 2050, genau so viel Plastik im Ozean sein könnte wie Fisch.[1] Wenn uns die Fischbestände etwas entgegen kommen und rechtzeitig kollabieren, werden wir das Ziel schon eher erreichen können.

Meinen Sie jetzt bitte nicht, dass es hier um ein abstraktes, weit weg befindliches Problem gehen würde. Denn der Masterplan des Langzeit-Recyclings geht noch viel weiter als auf den ersten Blick sichtbar, wenn man bedenkt dass wir uns selbst langsam „ausstopfen" und durch Kunststoff ersetzen: Bis zu 0,2 % (1.800 Milligram pro Kilogramm Salz) unserer Nahrungsmittel bestehen mittlerweile aus Mikroplastik, beispielsweise bei Honig, Salz und Mineralwasser. Nun, das könnte man alles aus dem Speiseplan streichen, aber leider enthält auch Bier Mikroplastik![2] Wir haben den Kreislauf geschlossen und servieren uns unseren eigenen Müll. Außerdem können wir die Omnipräsenz von Plastikmüll nicht nur im Essen feststellen, sondern täglich in unseren Gewässern sehen. Wieder gilt: Meinen Sie nicht, dass das Problem nur in Entwicklungsländern oder dem weit entfernten Pazifik auftreten würde. Natürlich sind Flüsse und Landschaften in anderen Ländern noch mehr vermüllt als in Deutschland. Aber wozu in die Ferne schweifen, wenn der Müll liegt so nah?

---

[1] World Economic Forum: The New Plastics Economy: Rethinking the future of plastics. 2016.
[2] Mikroplastik im "Fleur de Sel": http://www.scinexx.de/wissen-aktuell-22300-2018-01-15.html; 15.01.2018

Der Autor bei einer Kanutour auf der Rur bei Jülich. Das Holz stammt von ambitionierten Bibern, aber ob diese auch Fußball spielen, Deo benutzen und ihre leeren Flaschen in den Fluß werfen?

Ich möchte hier aber kein undifferenziertes, negatives Bild von Plastik zeichnen. Natürlich ist Plastikmüll in den Meeren ein riesiges Problem, allerdings finden wir Plastik auch in allerlei sinnvollen Anwendungen – dann nennen wir es meist Kunststoff, das klingt feiner. Kunststoff macht Autos und Flugzeuge leichter und effizienter, den Transport von Nahrungsmitteln wie Wasser gesünder und effizienter, und bereitet uns auch in der Freizeit jede Menge Spaß. In Reimform könnte man das so beschreiben:

Das weltgrößte Flugzeug, die Hughes H-4,
ist nie richtig geflogen, so viel wissen wir.
Es war aus Holz und zu schwer konstruiert,
mit Kunststoff wäre das nicht passiert!

Blei ist beständig und lässt sich gut löten,
doch Bleiwasserrohre lassen Menschen verblöden!
Durch Untersuchungen hat man kapiert:
mit Kunststoff wäre das nicht passiert!

Ein Freund von mir wollt' seinen 30sten feiern,
Mit ordentlich Bölkstoff, bis die Leute reihern.
Doch brachte das Schleppen der gläsernen Flaschen
seinen Rücken recht schnell zum Krachen.
Heut sagt er: „Glasflaschen, die sind antiquiert,
mit Kunststoff wäre das nicht passiert!

Weil Menschen sich gerne in Baumwolle kleiden
muss die Natur darunter leiden.
Denn, was die wenigsten Leute wissen,
die Ökobilanz von „Cotton" ist beschissen!
Bis ein T-Shirt beim Discounter auftaucht
sind locker zwei Tonnen Wasser verbraucht.
So wurde mit Baumwollplantagen der Aralsee dehydriert.
Mit Kunststoff wäre das nicht passiert!
(Dann wär' er mit Öl kontaminiert.)

Ein Freund von mir wollt' die Welt umrunden
und mit einem Stahlschiff die Meere erkunden.
Nach kurzer Zeit ist er fast abgesoffen,
da Stahl auf Salzwasser getroffen.
Überall Lochfraß, total korrodiert,
mit Kunststoff wäre das nicht passiert!

Ein Freund von mir, immer fröhlich am tindern,
der ist jetzt Vater von zwei Kindern.
Ob und wie er verhütet hab ich nicht kontrolliert -
mit Kunststoff wäre das nicht passiert!

Sie sehen, Kunststoff kann auch ausgesprochen positive Wirkungen entfalten. Wie so oft kommt es darauf an, einen Werkstoff oder eine Technologie im richtigen Maß und im richtigen

Bereich einzusetzen, damit ihre positiven Auswirkungen nicht von negativen Begleiterscheinungen aufgefressen werden. Diese Abwägung ist eher ein politisches Problem und kein technologisches. Die Politik ist hier gefragt, möglichst objektiv den richtigen Mittelweg zu finden. Klingt schon wieder nach einem kleinen bis mittelgroßen Paradoxon.

Ein Tipp an die Politik: Es gibt bereits unglaublich ausgefeilte Lösungen für dieses Problem, die in anderen, fortschrittlichen Ländern umgesetzt werden. Das heißt, man müsste nicht einmal eine eigene Kommission aus Wissenschaftler und Politikern einsetzen, um Lösungsvorschläge zu erarbeiten, sondern man kann direkt ein bestehendes Gesetz aus einem anderen Land kopieren. Das Land heißt Kenia. Hier wurde das Problem mit herumfliegenden Plastiktüten gelöst, indem Plastiktüten verboten wurden.[1] Vielleicht braucht es mal ein wenig Aufbauhilfe aus Kenia, um Deutschland bei der Gesetzgebung unter die Arme zu greifen?

---

[1] Kenia verbietet die Plastiktüte: Die erste Bilanz ist verblüffend. https://www.stern.de/politik/ausland/plastiktuete-in-kenia-verboten---warum-dieses-beispiel-hoffnung-macht-7957722.html, 12.07.2018

Der kollektive SUV

Nicht nur politische Diskussionen zum Pro und Contra neuer Technologien werden emotional geführt. Auch privat gibt es viele Entscheidungen, die eher emotional als rational getroffen werden. Damit meine ich nicht die lang zurück liegende Entscheidung von Cora, Erwin zu heiraten und sich damit auch auf die Schwiegermutter festzulegen. Ich meine auch nicht die Entscheidung, einen Golf vollzutanken. Ich meine die Entscheidung, ob man sich einen Golf kauft, oder vielleicht einen Golf GTI, oder einen Hummer. Denn schwere Autos, voll beladen mit technischen Gimmicks und leistungsstarken Motoren, sind auf dem Vormarsch. Das scheint, vorsichtig ausgedrückt, nicht ganz zur „Warnung an die Menschheit" und zur aktuellen politischen Großwetterlage zu passen. Auch Peter Zwegat ist über diesen Trend sicher entsetzt, Stichwort „Ökologische Schulden". Und Nietzsche hält schützend die Hände vor die Lendengegend. Warum werden schwere Fahrzeuge dennoch so gut verkauft?

Da die im letzten Kapitel vorgestellten ökologischen Technologien (Start-Stopp-Automatik, 3-Liter-Auto, Brennstoffzelle) bei uns Käufern nicht so gut angekommen sind, mussten sich die Fahrzeughersteller neue Kaufargumente überlegen. Ich glaube die Diskussion, welche wegweisenden Technologien zukünftig entwickelt werden sollen, muss ungefähr so gelaufen sein:

Strategisches Meeting eines Fahrzeugherstellers im Premiumsegment. Wir schreiben die 90er Jahre. Ein moderner Konferenzraum.[1] Die Wände auf der einen Seite des Raums sind dekoriert mit Nahaufnahmen von Chromzierleisten,

---

[1] Ein moderner Konferenzraum in den 90ern. Haha. Mit Musik von DJ Bobo im Hintergrund oder wie? Noch ein Paradoxon.

*Alufelgen und rauchenden Reifen. Auf der gegenüber lie-
genden Seite zeigen die Bilder Autos, die durch atemberau-
bende Küstenlandschaften brettern oder in einem idylli-
schen Wald vor dem Sonnenuntergang stehen. Die wenig
winterliche Kleidung der teils mit fotografierten jungen
Damen lässt darauf schließen, dass der Klimawandel the-
matisiert werden soll, oder dass die Aufnahmen im Sommer
gemacht wurden. Wahrscheinlicher ist letzteres. Über einem
Bild, in dem sich eine junge Dame an die stromlinienförmi-
ge Karosserie eines Sportwagens schmiegt, prangt der Slo-
gan „Eisprung durch Technik". Es unterhalten sich gerade
ein Ingenieur und ein Marketing-Experte.*

„Wir Ingenieure haben eigentlich gute Arbeit geleistet. Aber
trotzdem sind unsere jüngsten Innovationen gefloppt. Kein
Mensch interessiert sich für Spritsparen. Die Spritpreise
sind zu niedrig. Was sollen wir tun?"

„Das ist doch ganz logisch. Unsere Message war doch bisher: Unsere Autos brauchen weniger Sprit, aber dafür müssen wir ein kleines bisschen Komfort, Größe und Leistung
opfern. Wenn das beim Kunden nicht ankommt, brauchen
wir eine neue Message: Unsere Autos sind jetzt größer,
komfortabler und leistungsstärker als je zuvor. Ich freue
mich schon auf die Werbeslogans, da können wir an die Ur-
instinkte des Menschen appellieren. Sowas wie ‚Size mat-
ters', ‚Geil ist geil' oder ‚Power to the Bauer'."

„Das wird zwangsläufig einen höheren Spritverbrauch mit
sich bringen."

„Ja, das sollten dann vielleicht nicht aktiv in die Werbung
mit einbringen. Gehört aber zu meinem Strategiewechsel.
Wir waren bisher ehrlich zu den Kunden. Spritsparen geht
nicht ohne kleine Abstriche. Jetzt verarschen wir sie einfach."

„Sie meinen, wir bauen schwere, schnelle Autos und erzählen dann noch, dass die sparsam sind? Das wäre schon witzig, weil es so offensichtlicher Unsinn ist.“

„Ja, genau! Offensichtlicher Unsinn! Ist auch viel sicherer für uns: Wenn wir irgendwann verklagt werden, weil wir SUV mit niedrigem Spritverbrauch bewerben, dann können wir unsere Werbung als Satire verteidigen. Satire darf bekanntlich alles, und wenn der Kunde diese offensichtliche Satire nicht erkennt, ist er ja selbst schuld. Viele Süßwarenhersteller verfolgen diese Strategie schon lange und bewerben ihre Kalorienbomben als gesund. Das kann ja auch kein Kunde ernst nehmen. Schließlich liegen die kritischen Zeitschriften, die über den Süßigkeitenkonsum aufklären, am Kiosk direkt daneben.“

„Stimmt, damit müssten wir uns wirklich immer rausreden können. So dumm kann kein Kunde sein.“

Aber ich habe noch eine fantastische Idee: Wir entwickeln noch viele bescheuerte Gimmicks, die kein Mensch braucht, aber trotzdem jeder haben will. So eine Art Tamagotchi[1] für jedes Auto.“

„Das wird unsere Werkstätten sehr freuen! Prinzipiell geht ja alle verbaute Technik irgendwann kaputt und muss ausgetauscht werden.“

„Na bitte, Win-Win für alle.“

---

[1] „Tamagotchis“ wurden in den 90ern massenweise verkauft. Es waren eierförmige elektronische Nervensägen, die regelmäßig nach Aufmerksamkeit verlangten. Im Prinzip ähnlich wie Smartphones, allerdings ohne Telefon- oder Internetfunktion; daher nicht ganz so nervig.

Entsprechend dieser Diskussion wurden verschiedene fantastische neue Technologien und Produkte entwickelt. Drei Beispiele dafür möchte ich nachfolgend vorstellen.
Erstes Beispiel: Elektrische Kofferraumklappen. Ich könnte in die Stoßstange beißen, sobald ich diese unsinnigen Dinger sehe! Wenn ich mit einem voll beladenen Kofferraum in den Urlaub fahre, sieht das meistens aus wie auf dem folgenden Bild.

Große Klappe, viel dahinter

Wer eine solch ausgefeilte Ladetechnik hat, der entwickelt durch jahrelange Übung eine spezielle und äußerst individuelle (Zu-)Wurftechnik für die Kofferraumklappe. Camper aus dem eigenen Camping-Rudel erkennen sich gegenseitig über Generationen nur an dieser Wurftechnik. Außerdem ist es ein fairer, ein reiner, ein martialischer Kampf zwischen Gepäck und Camper, der zur rituellen Initiierung des Campers gehört. Es kann nur einen Gewinner geben! Das rebellische Gepäck (Pfanne und Baguette hauen die Scheibe raus) oder der kämpferische Camper (der Kofferraum ist ohne bleibende Schäden zu und bleibt es auch).

Wie sieht es heute aus? Die Kofferraumklappe öffnet sich auf einen Fußzeig hin und schließt auf einen sanften Knopfdruck mit einem feinen Surren. Vielleicht… und zwar innerhalb einer Zeit, in der schon ein paar Dutzend Golf in die Tagebaugrube gehüpft wären! Quälend langsam fährt die Klappe in ihre Endposition, in der sie ihre Bewegung nochmals verlangsamt. Mit zum Gebet gefalteten Händen und dem Blick gen Himmel hofft man, dass bald das ersehnte Klicken des Verschlusses zu hören ist, welches das erfolgreiche Ende des Schließvorgangs signalisiert. Doch was hört der moderne Camper stattdessen? Ein krächzendes Piepen, welches dem geschulten Ohr verrät, dass die Klappe nun wieder aufschwingen wird, da die Ladung über den vom Hersteller definierten Gepäckraum unzulässig hinaus ragt. Wie dieser Gepäckraum genau definiert ist, haben selbst studierte Astrophysiker per Laser-Vermessung noch nicht herausfinden können. Sobald die Kofferraumklappe wieder so weit geöffnet ist, dass der bereits erhitzte Kopf des Campers zwischen Klappe und Fahrzeugtorso hindurch schlüpfen kann, wird der Gepäckraum auf mögliche Übeltäter untersucht. Vorsichtig und mit der Feinmotorik eines Kampfmittelräumdienstes werden einzelne Taschen zurecht gezupft und Positionen minimal verändert. Dabei meint der Camper, weit entfernt Tetris-Musik zu hören. Es folgt ein neuer, meist ebenso scheiternder Versuch. Ganze Camper-Rudel sind bereits direkt hinter ihren frisch beladenen Fahrzeugen verrückt geworden oder verhungert beim Versuch, den Kofferraum zu verschließen. Was für eine fantastische Innovation. Für welches anerkannte Problem sind elektrische Heckklappen die Lösung? Ich hätte gerne das Problem zurück statt der Lösung!

Zweites Beispiel. Es ist bekannt, dass einige Männer sich Kleinstwagen vom Format eines Smart kaufen, um ihr übergroßes Gemächt zu kompensieren. Aber auch für gegenteilige

Wünsche hat die Automobilindustrie ein entsprechendes Angebot entwickelt: das Sport Utility Vehicle oder SUV[1] (gesprochen „Suff"), dessen gesprochener Name sowohl den durchschnittlichen Kraftstoffverbrauch als auch den Zustand des Besitzers bei der Kaufentscheidung treffend beschreibt. Ergänzend zu dem oben bereits erwähnten Hummer hier noch einmal zwei weitere Exemplare.

Zwei typische Schwengel-Unterentwickelt-Vehikel (SUV)

Beim Anblick des linken Bildes vermisse ich schmerzlich den Marlboro-Cowboy, der leider 2015 an Lungenkrebs gestorben ist. Auch wenn ich Ironie mag, diese Pointe hat das Leben höchst selbst geschrieben.[2] Würde Darrell Winfield persönlich durch das linke Bild reiten, es wäre perfekt. Beim Anblick des rechts abgebildeten SUV hingegen muss ich intuitiv an flippige

---

[1] Der Name geht augenscheinlich darauf zurück, dass SUV ausreichend groß sind, um Sportgeräte zu transportieren. Ich frage mich derweil, warum ich für den Transport zweier Joggingschuhe einen Geländewagen brauche. Streng genommen sind die Schuhe ohnehin am sportlichsten, wenn man sie außerhalb des SUV laufend verwendet. Tipp: Wer die Schuhe ohne SUV benutzt, muss sich auch keine Sorgen um eine eventuelle Verschmutzung der weißen Velours-Innenausstattung (des SUV, nicht der Schuhe) machen.
[2] http://www.faz.net/aktuell/gesellschaft/menschen/darrell-winfield-der-marlboro-mann-ist-tot-13372792.html; 14.01.2018

70er-Jahre-Schrankwände denken. Aber in den 70er Jahren wussten die Menschen noch, dass eine Schrankwand in eine Wohnung gehört, da sie zwei große Nachteile besitzt: Erstens ist sie recht schwer, zweitens ist sie nicht sehr windschlüpfrig. Im Wohnzimmer fallen diese Nachteile nicht weiter auf, auf der Autobahn hingegen schon. Leider wurde es offenbar versäumt, dieses uralte Wissen an die aktuellen SUV-Käufer weiterzugeben.

Ich habe mich oft gefragt, warum Menschen trotz dieser Nachteile ein SUV kaufen. Ich habe hierzu zwei Theorien. Erstens: Negative Erfahrungen mit zu engen Parkplätzen. Ich vermute, dass viele Kleinwagenfahrer auf SUV umsteigen, da man von der erhöhten Sitzposition aus deutlich besser die Größe eines Parkplatzes erkennen kann (und die meisten sind sowieso viel zu klein dimensioniert, man will ja schließlich kein Fahrrad parken). Außerdem verfügen SUV teilweise über so praktische Funktionen wie das automatische elektromotorische Anklappen der Außenspiegel, wodurch man in geradezu winzige anmutende Parklücken hineinschlüpfen kann. Das ist zumindest nach der elektromotorischen Kofferraumklappe eine konsequente Weiterentwicklung. Aber merke: Kontinuität ist nur positiv, wenn man sich auf dem richtigen Weg befindet. Eine Sackgasse weist man ja auch nicht als Einbahnstraße aus.

Zweite Theorie, warum Menschen ein SUV kaufen: Die passive Sicherheit im Fall eines Crashs. Je höher das Gewicht eines Fahrzeugs, desto höher die Tendenz, den Unfallgegner einfach wegzufegen und selbst weniger Schaden zu erleiden. Das wird umso wichtiger, wenn wir bedenken, dass in den letzten Jahrzehnten alle Autos deutlich zugelegt haben. Bleiben wir bei meinem universellen Lieblingsbeispiel, dem VW Golf, fällt auf: Während er in den 70er Jahren noch schlanke 800 kg auf die Waage brachte (wobei er damals auch noch sehr viel kleiner war als der heutige Polo), hat er mittlerweile um die Hälfte auf 1.200 kg zugelegt. Stichwort Calmund-Effekt. Wenn ein

Golf schon so schwer ist, sollte man besser für den Ernstfall
des Crashs gewappnet sein, und das Gewicht des eigenen Fahrzeugs möglichst hoch ansetzen, denkt sich der SUV-Käufer.
„Survival of the fattest" hat doch schließlich schon Darwin
propagiert, oder? Darwin wäre SUV gefahren.[1] Er hätte sich
über dieses fantastisch innovative Fahrzeugsegment sehr ge-
freut.

Da die Besitzer großer und schwerer Autos nicht behäbig über
den Standstreifen krabbeln, sondern wieselflink über die linke
Spur brettern wollen, wird eine weitere Innovation benötigt.
Mein drittes Beispiel ist daher die Leistungssteigerung der
Motoren durch innovative Diesel-Technologien. Immerhin
liegt die durchschnittliche Leistung eines Neuwagens bei mittlerweile fast 150 PS, gegenüber „genügsamen" 100 PS Ende
der 90er Jahre.[2] Neu zugelassene Diesel bringen im Durchschnitt sogar gut 160 PS Leistung. Diese leistungsstarken Motoren sollten sparsam sein, aber nicht „Spaß-arm". Ein starker
Motor, der ein schweres Auto mit dem Windwiderstand einer
Schrankwand wieselflink und sparsam fortbewegt? Nicht nur
für das technische Ohr des Ingenieurs hört sich das nach einem
kleinen Widerspruch an. Durch Dieselmotoren kann man den
Widerspruch zumindest teilweise lösen. Nun sollen diese Motoren aber gemäß den gesetzlichen Randbedingungen auch
noch geringe Ruß- und Stickstoffemissionen besitzen, zwei

---

[1] Ich schlage die Sätze „Survival of the fattest" und „Darwin wäre
SUV gefahren" hiermit offiziell als Werbeslogans für die nächste
SUV-Werbung vor. Der erste Hersteller, der bei mir das Copyright
beantragt, bekommt 20 % Rabatt auf die Lizenz. Unbedingt heute
noch zuschlagen, sonst wird die automatische Abschaltvorrichtung
den Rabatt abschalten. In diesem Fall wird „AdAbsurdum" an Stelle
von „AdBlue" eingespritzt.
[2] PS-Rekord: So stark waren Deutschlands Neuwagen noch nie:
https://www.focus.de/auto/neuheiten/zulassungs-statistik-neuer-ps-
rekord-bei-neuwagen_id_6108187.html; 07.11.2017

weitere sich widersprechende Zielwerte. Geringe Stickstoffemissionen erreichen Ingenieure durch die Rückführung von
Abgasen in den Verbrennungsraum, was die Sauerstoffkon-
zentration und die Spitzentemperaturen senkt. Gleichzeitig
wird aber die Bildung unvollständiger Verbrennungsprodukte,
auch Ruß genannt, begünstigt.[1] Nur durch eine nachgeschaltete
Abgasreinigung können beide Ziele erreicht werden. Die Abgasreinigung benötigt allerdings wieder Energie, was zu Lasten
der Fahrleistungen und des Verbrauchs geht.

Es handelt sich um ein klassisches Dilemma, also ein Problem,
bei dem nur „das geringere Übel" gewählt werden kann. Eine
eindeutige Lösung kann es nicht geben; aus ingenieurstechni-
scher Sicht wäre das die sprichwörtliche Quadratur des Kreises
– das Sinnbild eines Vorgangs, der nicht möglich ist. Ein Kreis
ist ein Kreis ist ein Kreis. Oder etwa doch nicht?

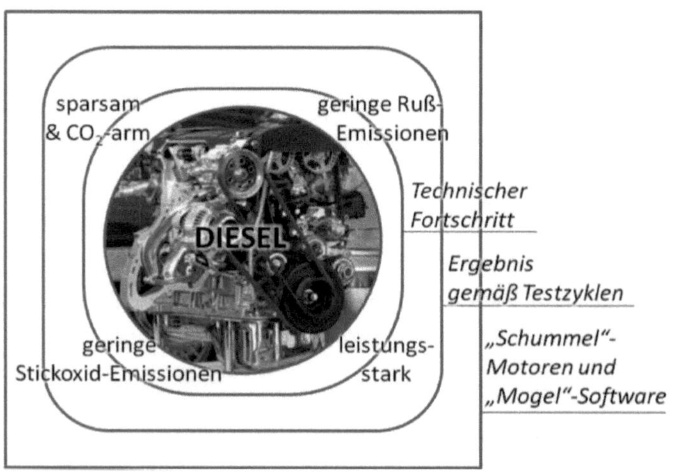

*Unlösbar: Die an den Rändern des Kreises stehenden Zielvor-
gaben können nicht erreicht werden.*

---

[1] VDA Verband der Automobilindustrie: Die Diesel-Technologie /
Fragen und Antworten. 2016. S. 4ff.

Ein Ingenieur weiß, dass die Quadratur eines Kreises nicht möglich ist. Aber, wie heißt es so schön? Einem Ingenieur ist nichts zu schwör, und unlösbare Probleme lösen wir am liebsten. Um den Kreis quadratisch zu machen und die Zielvorgaben zu erreichen, musste man allerdings schon recht tief in sämtliche verfügbaren Trickkisten greifen. Der technische Fortschritt in Form von optimierten Motoren war die erste Trickkiste. Hierdurch wurde der Kreis schon ein kleines bisschen quadratischer. Als nächstes öffnete man die Trickkiste des Testzyklus, denn der hat mit der Wirklichkeit wirklich Garnichts zu tun. Laut einer Studie des International Council on Clean Transportation (ICCT) beträgt die Abweichung zwischen Testverbrauch und Realverbrauch etwa 42 % – im Durchschnitt![1] Das ist schon eine recht weite Quadratur des Kreises. Die letzten Rundungen hat man dem Kreis schließlich abgewöhnt, indem man kleine „Mogeleien" und „Schummeleien" in Kauf genommen hat. Mit anderen Worten: Testergebnisse wurden gefälscht, die Öffentlichkeit getäuscht, Gesetze gebrochen.

Ehrlich gesagt: Ich habe mich als (Diesel-)Verbraucher nie wirklich getäuscht gefühlt. Wer schaut sich denn die Zahlen auf dem Datenblatt zu Stickoxid-, Ruß- und CO_2-Emissionen an? Niemand. Wir Verbraucher konnten doch immer ehrlich sehen, dass die Werte der Realität nichts mit den Herstellerangaben zu tun haben. Beim Tanken kann sich jeder mit rudimentären Punktrechenkenntnissen ausrechnen, dass das Fahrzeug mehr verbraucht als angegeben. Für die Erkenntnis, dass dann auch die Emissionen entsprechend höher liegen müssen,

[1] U. Tietge; P. Mock; J. German; A. Bandivadekar; N. Ligterink: From laboratory to road. A 2017 update of official and "real-world" fuel consumption and CO_2 values for passenger cars in Europe. International Council on Clean Transportation Europe, 2017. S. i und S. 10

braucht es immerhin schon den Massenerhaltungssatz aus der Chemie. Und natürlich ein grundsätzliches Interesse für die Emissionsproblematik. Ich bin mir nicht sicher, an welchem der beiden Faktoren es öfter scheitert. Klar ist aber, dass die Fahrzeughersteller nie wirklich konsequent versucht haben, die Emissionen ihrer Fahrzeuge zu verstecken: Der Blick auf den Auspuff eines vorausfahrenden Dieselfahrzeugs zeigt klar und deutlich anhand der pechschwarzen Rußwolke, dass Kreise noch immer rund sind. Ich habe mich in solchen Situationen immer an die Papstwahl erinnert, bei der Millionen Gläubige und Gelangweilte (manchmal in Personalunion) vor dem Fernseher sitzen und orakeln, ob der Rauch aus der Sixtinischen Kapelle schwarz oder weiß ist. Kann man denen nicht mal einen Diesel spendieren?

Fassen wir die Quintessenz des Kapitels zusammen: Allerlei Öko-Innovationen aus den 90er Jahren sind für lange Jahre oder für immer in der Versenkung verschwunden. Vollständig beknackte Ideen wie elektromotorisch betriebene Kofferraumklappen, SUV und PS-Wahn sind beim Kunden allerdings auf Begeisterung gestoßen. Nun heißt es seitens der Politik, die Automobilhersteller hätten den Trend zu sparsamen und umweltfreundlichen Autos teils verschlafen – wie bitte? Welchen Trend denn? Die Hersteller sind doch nicht dumm – denn diejenigen, die dumm waren, gibt es heute nicht mehr. Das aktuelle Angebot spiegelt wider, was der durchschnittliche Kunde wünscht. Auf fast jeder Automobilausstellung dominieren daher PS-strotzende SUVs.[1] Es mag sein, dass Hersteller durch perfide Präsentations- und Werbestrategien auf uns Einfluss nehmen und sich teils nicht an das geltende Recht halten. Aber haben wir als Verbraucher deswegen resigniert und unsere

---

[1] http://www.tagesschau.de/wirtschaft/detroit-automesse-103.html; 15.01.2018

Mündigkeit und Verantwortung vollständig abgegeben? Machen wir es uns damit nicht ein bisschen leicht?

Ausweg Elektromobilität?

Irgendwann sind Ingenieure auf die Idee gekommen, man könne mit einem Elektromotor nicht nur Kofferraumklappen antreiben, sondern das gesamte Auto. Die Vorteile liegen auf der Hand. Der Elektromotor ist klein, leicht, effizient, leise und verursacht weder Stickoxid noch Ruß. Kaum hatte jemand diese Idee so oder ähnlich geäußert, machten sich Tüftler an die Konstruktion eines Elektromobils.

Ayrton & Perry Electric Tricycle

Das war vor gut 135 Jahren, im Jahr 1882. Zwei englische Professoren entwickelten ein Dreirad, das mit einem halben PS Leistung durch Londons Straßen rumpelte.[1] Ich kann mir lebhaft vorstellen, wie ein solches Fahrzeug von zeitgenössischen Autozeitschriften eingeschätzt wurde.

Aus der „Fuhrwerk, Pferd & Sport" Ausgabe 4/1882:

Das Elektrofahrzeug von Ayrton und Perry begründet mit seiner geringen Leistung von nur einer halben Pferdestärke eine neue „Sub-Horse" Fahrzeugklasse, die mit klassischen Pferdefuhrwerken aus biologischen Gründen bisher nicht erreichbar war. Dabei reicht die Leistung aus, um das Fahrzeug in wenigen Sekunden auf eine Reisegeschwindigkeit von 10 km/h zu bringen. Sowohl die Höchstgeschwindigkeit von 14 km/h als auch der Aktionsradius von 40 km liegen im Bereich üblicher Fuhrwerke. Damit sind die Ähnlichkeiten zu Fuhrwerken allerdings auch bereits erschöpft.

Im Gegensatz zu Fuhrwerken verfolgen Ayrton und Perry ein puristisches Fahrzeugkonzept, welches darauf ausgelegt ist, nur eine Person zu transportieren – also ein reines „Spaßmobil". Leider ist das Konzept nicht konsequent zu Ende geführt. Zwar verbessern die tief liegenden Akkumulatoren den Schwerpunkt und die Straßenlage, doch das hochbeinige, weiche Fahrwerk und die schwammige Hinterradlenkung sind grobe Patzer. Die Geschwindigkeitsregelung über das An- und Abschalten einzelner Batterieeinheiten ist umständlich und gerade für Neulinge weniger intuitiv als die Bedienung eines Pferdes. Hinzu kommt, dass sich die Entwickler in technische Gimmicks und Spielereien verlieren. Serienmäßig ist eine elektrische Beleuchtung an

---

[1] http://autovision-tradition.de/files/erstes-Elektroauto-der-Welt-Text.pdf; 15.01.2018

Bord, die erst im letzten Jahr erfunden wurde, sowie allerlei neu entwickelte Schalter und Regler. Es bleibt offen, wie zuverlässig diese Spielereien im Alltag funktionieren. Beliebte Extras wie eine Klimaanlage oder eine elektrische Heckklappe sind leider nicht einmal gegen Aufpreis erhältlich.

Laut Ayrton und Perry liegt der Hauptvorteil des neuen Fahrzeuges darin, dass der Antrieb durch elektrischen Strom erfolgt, der über Hausanschlüsse zugeführt werden kann. Die Kosten und Arbeit einer Pferdehaltung könnten somit langfristig eingespart werden. Leider fehlt die notwendige Infrastruktur bisher weitestgehend. Es bleibt daher ungewiss, wie viele Kunden das neue Fahrzeugkonzept anspricht.

Trotz dieses frei erfundenen Artikels aus einer frei erfundenen Fachzeitschrift waren es tatsächlich gar nicht so wenige, die Elektroautos kauften.

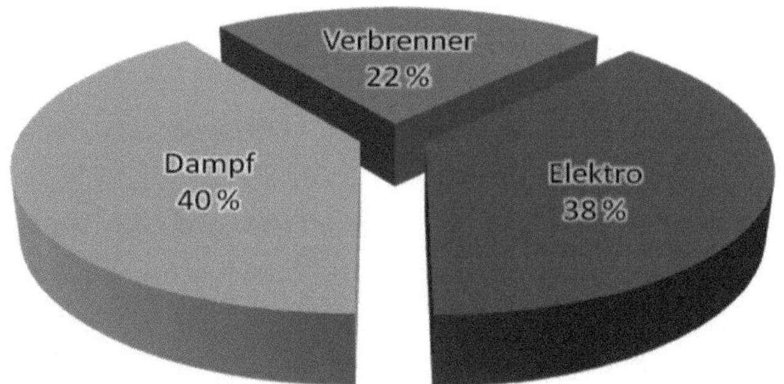

Anteil der Fahrzeuge nach Antriebsart 1900 (USA)[1]

---

[1] M. Mechnich: Als die Stromer laufen lernten.
http://www.tagesspiegel.de/wirtschaft/emobility/elektroautos-einst-technische-avantgarde-als-die-stromer-laufen-lernten/6372586.html;
09.11.2017

In den USA war im Jahr 1900 weniger als jedes fünfte Fahrzeug mit einem Verbrennungsmotor ausgestattet (22 %). Verbrennungsmotoren wurden eingesetzt, wenn große Reichweiten benötigt wurden. Der Rest der Flotte bestand zu fast gleichen Teilen aus Dampffahrzeugen (40 %) und Elektrofahrzeugen (38 %). Dampffahrzeuge wurden auf der Schiene eingesetzt, wenn eine hohe Leistung benötigt wurde, beispielsweise um viel Fracht zu befördern. Elektrofahrzeuge waren hingegen prädestiniert für den Kurzstreckenbetrieb in der Stadt.[1]

Diese Aufteilung hat sich innerhalb des letzten Jahrhunderts wesentlich verändert. Der Verbrennungsmotor dominiert den Automobilmarkt, Elektrofahrzeuge sind praktisch vollständig verdrängt. Auch nach Dampffahrzeugen suchen wir heute vergeblich. Falls Sie einmal das Gefühl haben, Sie hätten auf der Autobahn eines entdeckt, kann ich Ihnen aus eigener Erfahrung versichern: Schuld sind meist eine defekte Zylinderkopfdichtung, Abstreifringe oder Kupplung. Oder es handelt sich um einen kalten Dieselmotor, dessen Fahrer einen chronischen Bleifuß hat. Leider werden chronische Bleifüße in Deutschland nicht behandelt, obwohl die Krankheit in allen anderen Ländern der Welt durch die Therapie „Tempolimit" mittlerweile fast ausgerottet ist. Die Therapie ist nahezu kostenneutral und der Beipackzettel weist als Nebenwirkungen unter anderem eine potenzielle Reduktion der CO_2 Emissionen aus – völlig unabhängig von der Antriebsart des Fahrzeugs. Dennoch ist die Therapie in Deutschland leider von den wenigsten Politikern lieferbar. Da gibt es nicht einmal was von ratiopharm.

Der Wunsch der Politik ist es hingegen, der Elektromobilität eine Renaissance zu verschaffen. Das ist, wie wir im Folgen-

---

[1] M. Mechnich: Als die Stromer laufen lernten.
http://www.tagesspiegel.de/wirtschaft/emobility/elektroautos-einst-technische-avantgarde-als-die-stromer-laufen-lernten/6372586.html;
09.11.2017

den sehen werden, zum aktuellen Zeitpunkt ökologisch wenig hilfreich und wirtschaftlich ineffizient. Aber keine Sorge, es gibt auch Positives über die Renaissance der Elektromobilität zu sagen. Sie passt perfekt und konsequent zur falschen Analyse, die Hersteller hätten einen Trend verschlafen. Konsequenterweise geht die Strategie aber auch derzeit nicht auf, wie die Zulassungsstatistik zeigt.

Kumulierte Neuzulassungen von Elektro- und Hybridfahrzeugen in Deutschland[1]

In dem Verlauf der kumulierten Neuzulassungen habe ich alle Fahrzeuge erfasst, die unter anderem einen Elektromotor zum Antrieb nutzen – also sowohl Hybridfahrzeuge als auch reine

---

[1] Nach Daten des Kraftfahrtbundesamtes, einzusehen unter https://www.kba.de/DE/Statistik/Fahrzeuge/Neuzulassungen/Umwelt/n_umwelt_z.html?nn=652326; 14.11.2017

Elektrofahrzeuge, wobei Hybridfahrzeuge drei- bis viermal häufiger zugelassen werden als reine Elektrofahrzeuge. Ich habe im Hinblick auf die Zulassungszahlen in einem wissenschaftlichen Vortrag die Einschätzung gehört, dass man absehen könne, dass das Ziel der Bundesregierung „voraussichtlich nicht vollumfänglich erreicht" werden könne. Das ist eine schöne, treffende, wenn auch eher konservative Interpretation der Zulassungsstatistik. Selbst bei exponentieller Extrapolation, d.h. äußerst dynamischer Weiterführung des bisherigen Verlaufs, wird das Ziel krachend verfehlt. Der Grund dafür, so vermuten Experten, ist, dass die potenziellen Käufer rechnen können. Das konnte wirklich niemand ahnen, nachdem sich die gleichen Käufer jahrzehntelang nie ernsthaft über die Abweichung zwischen dem Norm-Verbrauch und der Realität beschwert haben – da lag wirklich der Schluss nahe, dass niemand rechnen kann. Richtig wäre aber der Schluss gewesen, dass die meisten Käufer zwar rechnen können, aber den Aufwand scheuen, solange es nur um so profane Dinge wie den Planeten, Klima und Gesundheit geht. Sobald es aber um die finanzielle Gesundheit und das Mikroklima im Portemonnaie geht, spitzt der Käufer den Bleistift und liest in den alten Cornelsen-Mathebüchern nach, wie man schriftlich addiert. Finanziell lohnt sich die Anschaffung eines Elektrofahrzeugs nämlich derzeit (Stand 2017/ 2018) trotz Kaufprämie selten, zumal es konkurrierende Kaufanreize gibt: Wenn Sie einen alten, umweltschädlichen Diesel mit EURO 3 Abgasnorm oder schlechter verschrotten und statt dessen einen neuen, sauberen Diesel (wir denken zurück an die Quadratur des Kreises) kaufen, erhalten Sie auch eine Kaufprämie, die auf dem „Diesel-Gipfel" als eine Art Wiedergutmachung zwischen Politik und

Herstellern ausgehandelt wurde.[1] Eine Wiedergutmachung an die Umwelt und diejenigen, die die Dieselabgase einatmen, den eigentlich Geschädigten in der Diesel-Affäre, blieb leider aus. Trotzdem appelliert die Namensgebung der Prämie an das „grüne" Gewissen der Käufer. Das „Umweltbonus" oder „Umweltprämie" genannte Konjunkturprogramm soll die Luftqualität in den Städten verbessern. Die CO_2 Emissionen indes dürften durch die Prämie wohl kaum sinken: Die Höhe der Prämie steigt mit der Größe des Neuwagens an; Motorgröße und Verbrauch wachsen meist mit. Die maximale Prämie (bis zu 10.000 €) streichen Sie übrigens ein, wenn Sie beispielsweise einen alten VW Lupo 3L (60 PS, Verbrauch: 2,99 l/100km) gegen einen VW Touareg (gut 200 PS mehr, Verbrauch laut Norm 7,1 l/100km, Realverbrauch vermutlich 42 % höher gemäß der Studie des ICCT) eintauschen.[2] Aber bevor Sie jetzt nach einem gebrauchten Drei-Liter-Auto suchen, nur um es anschließend zu verschrotten, sollten Sie nochmal durchatmen. Diese Rabatte liegen durchaus in einem Bereich, der auch mit den üblichen Rabatt-Tricks wie Tageszulassungen erreicht wird. Sie brauchen kein effizientes Altauto zu verschrotten, nur um ein SUV zu kaufen. Das wurde mir zumindest von allen Autohändlern empfohlen, als ich sie auf die Prämie ansprach: „Exportieren Sie lieber Ihren alten Diesel zum Restwert und kaufen Sie eine Tageszulassung. Da kommen Sie deutlich günstiger weg."

Aber Geld ist ja nicht alles. Eine gute CO_2 Bilanz von Elektroautos würde vielleicht sogar ein paar Fahrer von Dieseln und Benzinern zum Umstieg bewegen? Schauen wir uns diese Bi-

---

[1] Was vom Dieselgipfel bleibt:
http://www.handelsblatt.com/politik/deutschland/autobauer-muessen-liefern-umweltpraemie-soll-autobesitzer-alter-dieselmodelle-locken/20140444-2.html; 15.01.2018

[2] Gemäß Angaben auf der Homepage von VW:
http://www.volkswagen.de/Umweltprämie/Volkswagen; 13.11.2017

lanz doch mal an, denn Elektroautos werden ja gerne als „lokal emissionsfrei" beworben. Eine fantastische Formulierung. Lokal emissionsfrei! Und Autos mit Verbrennungsmotor sind dann „temporär emissionsfrei", nämlich dann, wenn der Motor aus ist? Oder, wenn man den Zeitrahmen für die CO_2 Bilanz ausreichend lang spannt, nämlich bis in die Zeit, in der das Öl durch Mutter Erde eingetuppert wurde? Mutter Erde hatte durch ihre Tupper-Tendenz über Jahrmillionen eine negative CO_2 Bilanz; nun wird diese endlich neutral! Welch ein Segen! Auch so könnte man Verbrenner als „temporär emissionsfrei" bewerben. Erlauben Sie mir bitte noch eine letzte Persiflage auf diese fantastische Formulierung. „Lokal emissionsfrei" sind wir irgendwie alle, denn im Lokal unterdrücken wir Darmwinde so gut wie möglich. Das sollte aber nicht darüber hinweg täuschen, dass es nach Verlassen des Lokals oder auf der keramischen Abteilung manchmal zu ohrenbetäubendem Lärm kommt, der von äußerst heftigen lokalen Emissionen zeugt. Lokal emissionsfrei ist daher eine Farce, die vielleicht lokal die Luft in den Städten verbessert, für das Problem der CO_2 Emissionen allerdings keine Lösung darstellt. Deswegen schauen wir uns die CO_2 Emissionen von Elektro- und Verbrennerfahrzeugen über den gesamten Lebenszyklus im Vergleich an.[1]

Die ersten Emissionen im Autoleben fallen beim Bau des Autos an. Für ein Auto der Kompaktklasse mit Verbrennungsmotor, wie zum Beispiel den bereits mannigfaltig erwähnten VW Golf, fallen dabei etwa 6 Tonnen CO_2 an. Bei Elektroautos sind

---

[1] Die Zahlenwerte stammen, falls nicht anders angegeben, aus einer Studie des „ifeu - Institut für Energie- und Umweltforschung Heidelberg GmbH" im Auftrag des Umweltbundesamtes aus dem Jahr 2015: H. Helms; J. Jöhrens; C. Kämper; J. Giegrich; A. Liebich; R. Vogt; U. Lambrecht: Weiterentwicklung und vertiefte Analyse der Umweltbilanz von Elektrofahrzeugen. Die Zahlen wurden im wesentlichen durch eine schwedische Studie im Jahr 2017 bestätigt, wie die TAZ berichtete: http://www.taz.de/!5418741/; 14.11.2017

die CO_2 Emissionen während der Herstellung in hohem Maße abhängig von der Batteriekapazität. Pro speicherbarer Kilowattstunde werden etwa 150 bis 200 kg CO_2 emittiert. Bei einem kleinen Nissan Leaf mit einer Speicherkapazität von 24 Kilowattstunden werden bei der Produktion der Akkus daher etwa 4 Tonnen CO_2 emittiert, bei einem schicken Tesla Model S mit 86 Klowattstunden[1] Batteriekapazität entstehen etwa 15 Tonnen CO_2. Um eine zum VW Golf vergleichbare Reichweite des Elektroautos zu erreichen, müssen wir von einer eher hohen Batteriekapazität ausgehen. Nehmen wir für die Kompaktklasse eine Batteriekapazität von 65 Klowattstunden an, ergeben sich etwa 11 Tonnen CO_2 Emissionen während der Herstellung. Im Betrieb ist das Elektroauto allerdings tatsächlich CO_2 ärmer als der Verbrenner. Beim aktuellen deutschen Strommix werden auf einem Klometer Fahrstrecke etwa 100 g CO_2 emittiert. Ein Verbrenner mit einem durchschnittlichen CO_2 Ausstoß von 125 g/km,[2] auf die wir etwa 20 % aufschlagen für den Transport und die Raffinierung des Erdöls, emittiert insgesamt etwa 150 g/km.

Fassen wir also noch einmal zusammen: Das Elektroauto startet mit einem riesigen Kofferraum voller CO_2 in sein Leben, steht aber im Betrieb besser da als der Verbrenner. Die Frage ist, nach wie vielen Kilometern es die Öl verbrennende Konkurrenz abhängt? Sie kennen diese Aufgaben aus dem Schulunterricht: Hans fährt mit der Bahn mit einer Durchschnittsgeschwindigkeit von 80 km/h von Wuppertal nach Bielefeld. Gisela fährt mit dem Auto eine Stunde später mit 110 km/h hinter ihm her. Warum fahren die beiden nach Bielefeld? Und

---

[1] Es fehlt ein „i". Pardon, mein Fehler. Habe den Tippfehler zwar gesehen, fand ihn aber zu schön, um ihn zu korrigieren.
[2] Gemäß Kraftfahrtbundesamt (KBA):
https://www.kba.de/DE/Statistik/Fahrzeuge/Neuzulassungen/neuzulassungen_node.html; 15.01.2018

wer kommt zuerst an?[1] Bei solchen Aufgaben ist eine grafische Auswertung am einfachsten.

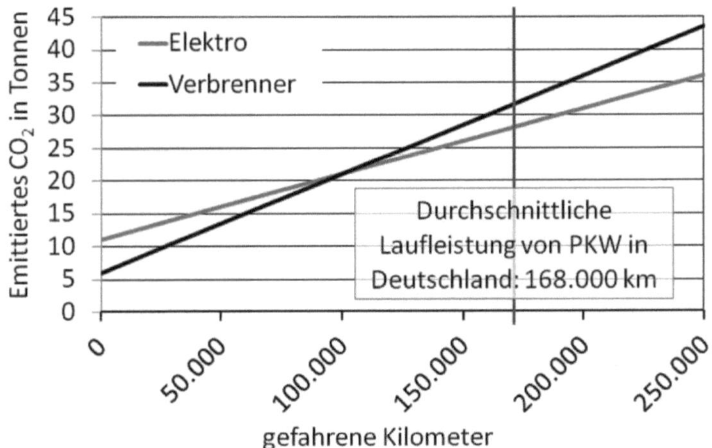

Rechenbeispiel für die Kompaktklasse: Emittiertes CO₂ während des Autolebens

And the winner is: ELEKTRO! In diesem Beispiel überholt das Elektroauto den Verbrenner nach etwa 100.000 km. Aber, kleiner Dämpfer: Nach dem durchschnittlichen Ende des Fahrzeuglebens nach etwa 168.000 km [2] beträgt der Vorteil des Elektroautos gerade einmal gut drei Tonnen CO_2. Da fragt man sich

---

[1] Und warum um alles in der Welt kommt der Bahnfahrer eigentlich immer später an, als der Fahrplan es vorgibt? Ich weiß es, weil das Entertainment viel besser ist! Beispiel: knarzige Durchsage des Zugführers „Ausstieg in Fahrtrichtung rechts". Ein kleines Kind wiederholt strahlend „Tyrannosaurus Rex!"

[2] Gemäß KBA beträgt das Durchschnittsalter eines Fahrzeugs bei Außerbetriebsetzung etwa 12 Jahre (Fachartikel Fahrzeugalter vom 15.04.2011). Bei einer durchschnittlichen Jahreslaufleistung von 14.015 km (https://www.kba.de/DE/Statistik/Kraftverkehr/VerkehrKilometer/verkehr_in_kilometern_node.html; 15.01.2018) ergibt sich eine Laufleistung von ca. 168.000 km.

doch, ob die mehreren Tausend Euro Preisdifferenz zwischen Elektroauto und Verbrenner sinnvoll eingesetzt sind? Bei einem Anbieter wie atmosfair kann eine Tonne CO_2 für etwa 23 € kompensiert werden (Stand Mitte 2018). Für die im Kompaktsegment fälligen 15.000 € bis 20.000 € Preisdifferenz zwischen einem Elektroauto und Verbrenner könnte man also 700 bis 800 Tonnen CO_2 mit anderen Maßnahmen kompensieren, gegenüber gut drei Tonnen mit einem Elektroauto. Noch Fragen? Es ist darüber hinaus noch nicht bekannt, ob die Akkus das gesamte Fahrzeugleben durchhalten, oder zwischendurch einmal getauscht werden müssen. Letzteres würde einen dicken Strich durch die CO_2 Bilanz machen und den Effekt umkehren, denn ein effizientes Recycling alter Akkus ist nach aktuellem Technikstand nahezu unmöglich.[1]

Ein weiterer Dämpfer: Zur Speicherung der Energie in aufladbaren Batterien werden große Mengen an seltenen Metallen wie Lithium oder Kobalt benötigt. Pro Fahrzeug stecken beispielsweise bis zu 15 Kilogramm Kobalt in den Zellen. Die Weltjahresproduktion von Kobalt liegt derzeit bei etwa 124.000 Tonnen – demnach ausreichend für gerade einmal gut 8 Millionen Autos, knapp 1 % des weltweit angemeldeten Bestands.[2] Wenn wir das gesamte Kobalt in die Elektromobilität stecken würden, dann können wir immerhin nicht mehr während der Fahrt telefonieren, da keine Handyakkus mehr produziert werden können. Für die Sicherheit also ein klares Plus. Dennoch bleibt dabei ein schlechtes Gewissen, da der Hauptlieferant für Kobalt, die Demokratische Republik Kongo, bisher weder durch politische Stabilität noch durch besonders

---

[1] Gemäß TAZ (http://www.taz.de/!5418741/; 14.11.2017) und Zeit online (http://www.zeit.de/mobilitaet/2016-11/batterie-recycling-elektroauto-speicher-stromnetz/seite-2; 27.02.2018)

[2] Alle Angaben gemäß http://www.taz.de/!5436269/ und http://www.sueddeutsche.de/wirtschaft/elektroautos-kobalt-koennte-knapp-werden-1.3695664; beide 16.01.2018

starke Gewerkschaften oder vorbildliche Sozialsysteme positiv aufgefallen ist. Daher sollten wir die 7,6 Millionen VW Golf vielleicht doch nicht im Tagebau Inden versenken, sondern noch ein bisschen weiterfahren.

Einen letzten Dämpfer für die Elektromobilität möchte ich Ihnen nicht vorenthalten. Der Fahrer eines Elektroautos produziert „nebenbei" als kleines Schmankerl noch ein bisschen Atommüll, da der Strom in Deutschland zu knapp 13 % durch Atomkraftwerke erzeugt wird. [1] Ich habe versucht zu quantifizieren, wie viel Atommüll ein Elektroauto pro Kilometer produziert, habe aber keine sicheren Angaben gefunden. Bei dem Anteil von 13 % Atomstrom und einer grob aus der Energiebilanz abgeschätzten Menge von 0,5 Milligramm strahlendem Material pro Kilowattstunde[2] ergibt sich eine Menge von einigen Mikrogramm pro Kilometer, über das Fahrzeugleben also einige Gramm. Das klingt nicht viel, erreicht aber bereits bei einem Kilometer die für Menschen tödliche Dosis (vgl. CSU-Effekt).[3] Bei 46 Millionen Autos in Deutschland ergeben sich über die gesamten Autoleben einige zig bis Hunderte Tonnen. Die externen Kosten für die Lagerung dieses Atommülls sind kaum abzuschätzen. Übliche Endprodukte erreichen erst nach einigen Tausenden oder Millionen Jahren ihre Halbwertszeit, was bedeutet, dass gerade die Hälfte abgebaut ist. Innerhalb dieser Zeitspanne (und noch viel länger) muss der Atommüll in einer sicheren Hütte beherbergt werden. Welche menschlichen Bauwerke könnten das übernehmen? Überlegen wir einmal, welche Bauten am stabilsten und langlebigsten sind – vielleicht die Pyramiden in Ägypten? Die stehen seit knapp 5.000 Jahren,

---

[1] https://www.umweltbundesamt.de/sites/default/files/medien/372/bilder/dateien/strommix-karte-2016.pdf; 16.01.2018
[2] https://de.answers.yahoo.com/question/index?qid=2011041910 1641AA8yVmr; 16.01.2018
[3] http://www.bund-rvso.de/atommuell-endlager-info.html; 16.01.2018

sehen mittlerweile allerdings auch schon recht baufällig aus. Mit anderen Worten: Selbst die monumentalen Steinbauten von Ramses & Co. schaffen es nicht, ein auch nur annähernd sicheres Zwischenlager darzustellen. Wer sagt nun Ramses, dass er kurzlebigen Murks gebaut hat? Das ist der Nachteil an der Unsterblichkeit der Pharaonen… Man baut die tollsten Anlagen,

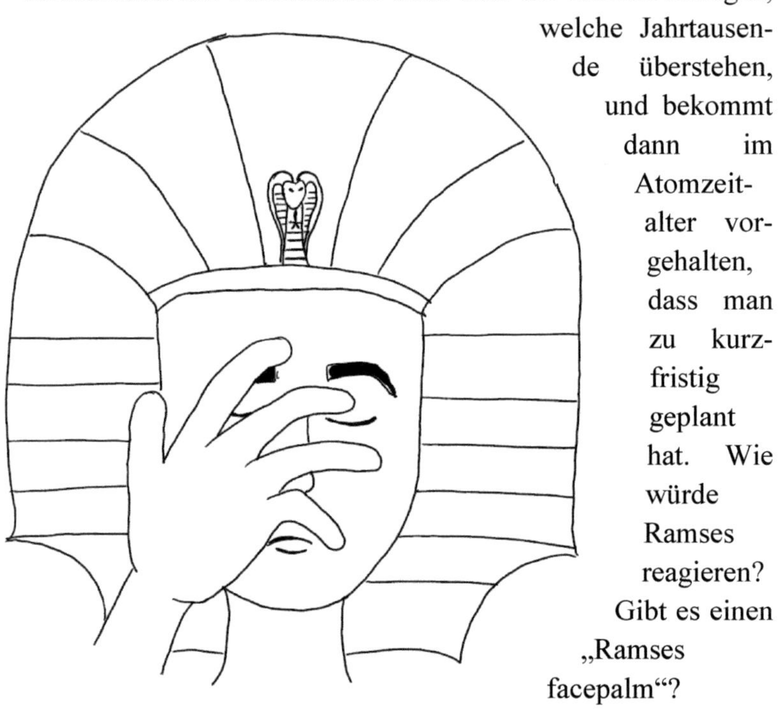

welche Jahrtausende überstehen, und bekommt dann im Atomzeitalter vorgehalten, dass man zu kurzfristig geplant hat. Wie würde Ramses reagieren? Gibt es einen „Ramses facepalm"?

Trotz dieser Tragik möchte ich an dieser Stelle insbesondere auf die Schmankerl aufmerksam machen, die mir bei der Recherche aufgefallen sind.

Suchtreffer, die den Autor schmunzeln ließen

Im linken Bild sieht man das Ergebnis einer Sitesearch nach „Atommüll". Erster Treffer ist eine Anzeige, die für die Riesenauswahl und die niedrigen Preise für Atommüll bei einem Online-Händler wirbt. Sogar eine kostenlose Lieferung ist möglich! Wenn das Bundesamt für Strahlenschutz das erfährt…

Das rechte Bild zeigt eine Evergreen-Fotografie, die immer wieder auftaucht, wenn es um Atommüll geht. Sie zeigt gelbe Fässer, die mit einer dünnen Kette abgesperrt sind, an der ein Schild mit der Aufschrift „Sperrbereich - Vorsicht Strahlung" angebracht ist. Vielleicht habe ich im Physikunterricht damals nicht ganz aufgepasst, aber meiner Meinung nach wird es bei Strahlung nicht erst hinter der Kette gefährlich? Vielleicht habe ich da auch etwas falsch verstanden.

Lassen wir ein Argument für die Elektromobilität nicht unbeachtet: Manche Käufer von Elektromobilen schließen gleichzeitig mit dem Kauf einen Vertrag über „Ökostrom" ab, also Strom aus regenerativen Quellen. Damit ist das Auto im Betrieb annähernd CO_2 neutral. Allerdings ist der Strom Markt doch ähnlich wie ein Buffet. Jeder darf sich bedienen wie er möchte, aber es gibt von allen Arten Strom (Kohlestrom, Atomstrom, Ökostrom, …) nur begrenzte Mengen. Wenn nun die Autofahrer zukünftig den Tofu-Strom wegfuttern, dann bleibt für Industrie und andere Verbraucher letztendlich nur fossiler Strom. Das ist sehr schade, da zum Beispiel eine Industriehalle, die mit Ökostrom beleuchtet wird, sehr viel umweltfreundlicher ist als ein Elektroauto. Schließlich muss die Energie nicht zwischenzeitlich unter großem Aufwand und Verlusten gespeichert und herumgefahren werden. Am schönsten wird das Bild übrigens, wenn der Ökostrom in ein schweres, ineffizientes Elektro-SUV „getankt" wird. Und am allerschönsten wäre es doch, wenn dies durch einen Politiker geschehen würde, der eigentlich für Klima- und Umweltschutz bekannt ist? Und der, ich setze noch einen drauf, früher einmal „Terminator" gespielt hat! Tja, leider nicht frei erfunden: Arnold Schwarzenegger bewirbt elektrische SUV mit 490 PS und über 500 kg schweren Akkus.[1] Haste la Hirn, baby? Wozu erfinde ich eigentlich den ganzen Tag Pointen, wenn die besten frei verfügbar sind?

Verstehen Sie mich nicht falsch: Beziehen Sie Ökostrom und schaffen Sie eine wachsende Nachfrage nach erneuerbaren Energien; aber betreiben Sie damit Ihre Lampen und Ihren Toaster, (noch) nicht ihr Auto. Warum fangen wir trotz fehlender ökologisch und ökonomisch sinnvoller Speichertechnologie mit der Königsdisziplin, der mobilen Speicherung von Energie, an? Es macht doch Sinn, zunächst die gesamte Stromversorgung auf Ökostrom umzustellen, bevor man dafür sorgt, dass

---

[1] http://www.spiegel.de/auto/aktuell/mercedes-g-klasse-2018-das-ist-der-neue-gelaendewagen-von-daimler-a-1187901.html; 17.01.2018 sowie http://www.kreiselelectric.com/blog/kreisel-und-arnold-schwarzenegger-praesentieren-electric-g-klasse; 17.01.2018

möglichst viel schweres Kobalt auf unseren Straßen unterwegs ist. Parallel sollte weiter geforscht werden, ob es zu derzeitigen Speichertechnologien bessere Alternativen gibt. Vielleicht sind Ideen wie Wasserstoff- oder Methanolfahrzeuge viel besser geeingnet? Wenn diese Alternativen erforscht sind und parallel der Anteil an Ökostrom deutlich gestiegen ist, dann erscheint der Ausstieg aus dem Öl basierten Verkehr sinnvoll. Im Extremfall könnte man übrigens sogar, wie kluge Köpfe errechnet haben, die gesamten bisher bekannten Ölreserven der Welt in Form von Benzin oder Diesel verbrennen und trotzdem noch die 450 ppm Grenze einhalten.[1] Dem Planeten jedenfalls ist maximal geholfen, wenn keine Ressourcen im blinden Aktionismus verschwendet werden, sondern alle Bemühungen an der maximalen Einsparung von CO_2 orientiert werden.

---

[1] C. Azar: Sustainable Energy Futures. Course Compendium, Chalmers University of Technology, 2007. sowie C. Azar; K. Lindgren; B. A. Andersson: Global energy scenarios meeting stringent CO_2 constraints – cost-effective fuel choices in the transportation sector. In: Energy Policy 31, 2003. S. 961 – 976

Ökologie versus Ökonomie

Wir, das heißt allen voran ich, diskutieren permanent die klimaschädliche Automobilität. Dabei trägt der Verkehr in Deutschland zu gerade einmal 18 % zur Emissionsbilanz bei, wobei davon wiederum 61 % auf den Individualverkehr entfallen.[1] Wenn wir jetzt noch bedenken, dass die viel gescholtenen SUV in der Zulassungsstatistik mit gerade einmal 12,7 %[2] an vierter Stelle nach Kompaktklasse, Kleinwagen und Mittelklasse stehen, dann können wir nur gemeinsam den Kopf schütteln und uns fragen, warum ich mich über mehrere Kapitel in Rage geschrieben habe. Sie als Autokäufer sind einfach viel zu vernünftig für meine Argumentation! Dennoch finde ich die Erläuterung anhand von Autos und SUV treffend, da kaum ein Bereich so emotional, wenig sachlich und teils geradezu willkürlich diskutiert wird, wie das Auto, das den Hund als besten Freund des Mannes ja teils ersetzt hat.[3] Au-

ßerdem gibt es eine besorgniserregende Tendenz von + 25 % bei den Neuzulassungen von SUV, was bedeutet, dass einem guten Teil der Autokäufer die Energieeffizienz ihres Fahrzeugs

---

[1] Bundesministerium für Umwelt, Naturschutz, Bau und Reaktorsicherheit: Klimaschutz in Zahlen 2015. S. 27ff.

[2] Kraftfahrbundesamt: Jahresbilanz der Neuzulassungen 2016. https://www.kba.de/DE/Statistik/Fahrzeuge/Neuzulassungen/n_jahres bilanz.html; 17.01.2018

[3] Diese Tatsache könnte man doch auch mal kreativ umsetzen? Wie wäre es zum Beispiel mit einem „VW Wuff"?

an genau dem Körperteil vorbeigeht, welches sie auf die erhöhten Ledersitze betten.[1]

Dennoch sollten wir das Bild etwas objektivieren und einmal schauen, in welchen Bereichen die 82 % Emissionen entstehen, die nicht durch den Verkehr abgedeckt sind.

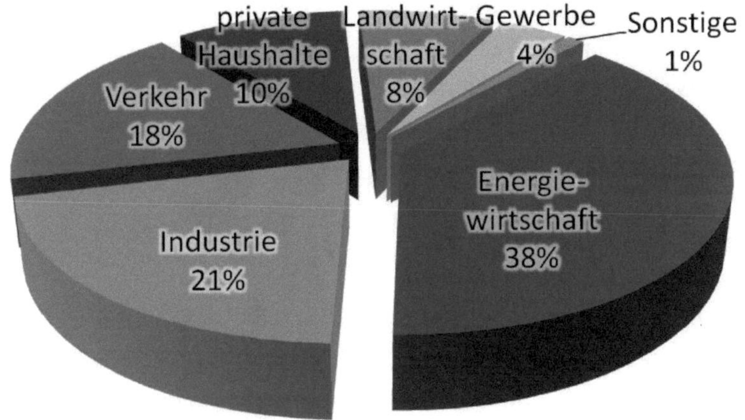

Emissionen (CO$_2$ Äquivalente) nach Sektoren in Deutschland 2014. Rechenfüchse werden feststellen, dass insgesamt 101 % emittiert werden. Der Grund sind Rundungsfehler zur Darstellung in ganzen Zahlen.[2]

Der größte Teil (39 %) kommt aus der „Energiewirtschaft". Das ist keine Kneipe für Stromkabel, sondern umfasst alles, was der öffentlichen Strom- und Wärmeproduktion dient. Diese Energie fließt wiederum an die Industrie, private Haushalte und Gewerbe. Aber hier wird nicht nur Strom verbraucht, son-

---

[1] Ich habe es versucht, möglichst elegant zu formulieren. Hier die explizite Version: „...+ 25 % bei den Neuzulassungen von SUV, was bedeutet, dass einem guten Teil der Autokäufer die Energieeffizienz ihres Fahrzeugs am Arsch vorbei geht."
[2] Bundesministerium für Umwelt, Naturschutz, Bau und Reaktorsicherheit: Klimaschutz in Zahlen 2015. S. 27

dern auch geheizt und klimatisiert, so dass aus der Industrie weitere 21 % Emissionen anfallen (Feuerung etc.), in privaten Haushalten 10 % und im Gewerbe 4 %. Weitere 8 % der Emissionen entstehen in der Landwirtschaft beispielsweise durch Diesel betriebene Trecker, mit denen Sie übrigens dank Sondergenehmigung trotz Umweltzone auch in die Innenstadt dürfen – nur als Tipp, falls Sie jetzt wegen mir Ihren VW Lupo 3L mit roter Plakette behalten haben! Mit einem ausreichend dimensionierten Frontlader können Sie auch ein SUV wegschaufeln, um sich einen Parkplatz frei zu räumen. Weitere Emissionen entstehen in der Landwirtschaft durch die Viehhaltung, obwohl Rinder von den Ohren bis zu den Hinterbeinen als lokal emissionsfrei gelten. Die Probleme entstehen aber, ähnlich wie beim Elektroauto, davor und dahinter: Durch Wiederkäuen und Düngen der Wiesen entstehen Methan und Lachgas als CO_2 Äquivalente.

Wie sollen in so vielen unterschiedlichen Bereichen Emissionen eingespart werden? Die EU nimmt sich jeden Bereich einzeln vor. Zur Reduktion der Emissionen im Verkehrsbereich wurden Grenzwerte für den CO_2 Ausstoß neu zugelassener PKW festgelegt. Das war aufwendig und der Effekt ist höchst fraglich: Seit 1990 sind die Emissionen aus dem Verkehr im Wesentlichen konstant (1990: 163 Millionen Tonnen CO_2 Äquivalent; 2014: 164 Mio. t), während die Abweichungen zwischen Test- und Realverbrauch innerhalb von vier Jahren von 25 % auf 42 % gestiegen sind.[1] Neue Testzyklen sollen das

---

[1] Teurer und schmutziger als bekannt:
http://www.tagesschau.de/wirtschaft/verkehr-111.html; 06.11.2017

ändern. Dennoch erscheint Deutschlands Klimaschutzziel, die Emissionen im Verkehr bis 2030 um 40 % im Vergleich zu 1990 zu senken, eher ambitioniert.[1] Ich halte, wie Sie wissen, wenig von Prognosen, aber wenn wir hier den Trend der ersten 24 Jahre von 1990 bis 2014 (+ 0,6 % Emissionen) extrapolieren, dann haben wir uns für die noch verbleibenden 12 Jahre bis 2030 recht viel (die verbleibenden 40,6 %) vorgenommen. Vielleicht bringt ja das aktuell entwickelte autonome Fahren die notwendigen Energievorteile – man könnte Autos so programmieren, dass sie nicht nur den kürzesten, sondern auch den effizientesten Weg nehmen und miteinander kommunizieren, um häufiges Bremsen und schnelles Anfahren zu vermeiden. Stichwort „Künstliche Intelligenz". Wie wäre es aber parallel mit dem Einsatz von „natürlicher Intelligenz" bei Autokauf und Gesetzgebung? Eine gerechte Besteuerung von Spritfressern, gemessen anhand von praxisnahen Tests, und eine Querfinanzierung öffentlicher Verkehrsmittel, klingen für mich cleverer als autonomes Fahren mit Schwarzeneggers elektrifizierter Schrankwand.

Wenn die Regulierung des CO_2 Ausstoßes schon so mickrige Ergebnisse bringt, wie sollen andere Regelungen fruchten? Wie sollen diese überhaupt aussehen? Sind in der Landwirtschaft Rinderrülpsraten und Kuhfladen-Koeffizienten die Lösung? Werden neue Naturgesetze zur Begrenzung der Emissionen durch die Kohleverbrennung erlassen? Gelten zukünftig Lüft-Limits zur Steigerung der Heizenergieeffizienz? Und wer trägt Sorge dafür, dass all diese Maßnahmen maximal effizient sind, damit wir wirtschaftlich klug den maximalen Effekt erreichen? Da schneiden die bisherigen Regelung bereits relativ schlecht ab: Hans-Werner Sinn und seine Mitstreiter haben schon 2008

---

[1] H. Mortsiefer: Was die EU-Kommission beschließen könnte. http://www.tagesspiegel.de/wirtschaft/streit-um-co2-grenzwerte-was-die-eu-kommission-beschliessen-koennte/20543932.html; 07.11.2017

festgestellt, dass die Kosten zur Emission einer Tonne CO_2 aufgrund diverser Beschränkungen und Regelungen äußerst unterschiedlich sind.[1] Als Beispiel nennt er die jeweilige Steuerlast, die für die Emissionen einer Tonne CO_2 auf unterschiedliche Weise zu zahlen ist. Am billigsten kommen Sie weg, wenn Sie Braunkohle zum Heizen durch den Schornstein jagen (gut 3 € Steuern pro Tonne CO_2). Wenn Sie nicht mit Braunkohle heizen, sondern Strom daraus beziehen, müssen Sie schon 22 € blechen. Für etwa den gleichen Tarif können Sie übrigens mit Öl heizen (23 €). Wenn Sie das gleiche Öl aber in ihr Dieselfahrzeug tanken, dann steigt der Preis sprunghaft auf 179 €. Fahren Sie einen Benziner, müssen Sie sogar 273 € für die gleiche Menge CO_2 rechnen, wobei die Mehrwertsteuer noch nicht berücksichtigt ist – dann wären es 325 €. Am teuersten ist es allerdings, wenn Sie das Öl in den Golf von Mexiko tanken – hier werden für die Säuberung und Strafzahlungen etwa 36.000 € pro (nicht emittierte) Tonne CO_2 fällig.[2]

Sollten diese Kosten nicht ungefähr einheitlich sein (Ausnahme: Golf von Mexiko), um in allen Bereichen eine ähnliche Motivation aufzubauen, Emissionen zu reduzieren? Wir haben schon erfahren, dass die Kompensation einer Tonne CO_2 bei entsprechenden Anbietern etwa 23 € kostet und mit einem Elektroauto mehrere Tausend Euro. Die beste Regelung wäre doch, auf die Emission von CO_2 eine einheitliche Steuer zu erheben? Dass das möglich und erfolgreich ist, beweisen verschiedene Länder bereits seit über einem Vierteljahrhundert. In

---

[1] H. W. Sinn: Das grüne Paradoxon. Econ-Verlag, 2008. S. 131
[2] BP berechnete für die Folgen des Unglücks der Deepwater Horizon etwa 44 Mrd. USD, entsprechend 36 Mrd. EUR (http://www.spiegel.de/wirtschaft/unternehmen/deepwater-horizon-bp-beziffert-kosten-auf-62-milliarden-dollar-a-1103100.html, 17.01.2018). Bei der ausgelaufenen Ölmenge von 380 Mio. Liter (s.o.) und (nicht emittierten) 2,65 kg CO_2 pro Liter ergeben sich ca. 36.000 € für jede nicht emittierte Tonne.

Schweden beispielsweise hat es dazu geführt, dass sich Wirtschaftswachstum und Emissionen seit der Einführung der CO_2 Steuer 1991 weitestgehend entkoppelt haben.[1] Der selbst ernannte Klima Vorreiter Deutschland erachtet die Einführung einer CO_2 Steuer allerdings als ebenso unnötig wie ein Tempolimit. Stattdessen wird voll auf den so genannten Zertifikathandel gesetzt. Der Zertifikathandel verpflichtet große Unternehmen in ausgewählten Branchen, ihre Emissionen jährlich an die Deutsche Emissionshandelsstelle (DEHSt) zu melden und entsprechende Zertifikate zu erwerben.[2] Kein Witz, diese zusätzliche Bürokratie wurde exklusiv für den Zertifikathandel erfunden. Wenn eine Firma besonders erfolgreich ist und entsprechend im Mosaik deutscher CO_2 Emittenten eine besonders große Kachel darstellt, erhält sie das Privileg, sich am kostenpflichtigen Handel zu beteiligen. Trotz dieser Ungerechtigkeit war die Implementierung des Zertifikathandels politisch leichter als die einer CO_2 Steuer, da „Zertifikate" viel positiver klingt als „Steuer" – beim Zertifikat bekommt man etwas tolles, mit einer Steuer wird etwas abgeführt. Und jeder weiß, wie wenig Freude Abführen bereitet. Gerade beim Abführen von Geld hört der Spaß auf! Tatsächlich wurden Zertifikate in der ersten Handelsperiode ab 2005 kostenlos ausgegeben. Der Trick besteht darin, dass die Zertifikate immer knapper werden und ihr Wert damit steigt. Die Preisentwicklung der letzten Jahre zeigt, dass die Verknappung ungefähr so gut funktioniert wie die des Öls, weswegen der Preis von gut 20 € pro Zertifikat

---

[1] J. Sumner; L. Bird; H. Smith: Carbon Taxes: A Review of Experience and Policy Design Considerations. Technical Report of the NREL (National Renewable Energy Laboratory) of the US Department of Energy, 2009.
[2] https://www.bmub.bund.de/themen/klima-energie/emissionshandel/emissionshandel-was-ist-das/; 19.02.2018

(2008) auf etwa 5 € (2014) gefallen ist.[1] Deswegen gibt es mittlerweile eine Marktstabilitätsreserve (MSR), die das Angebot an Zertifikaten künstlich verknappt.[2] CO_2, DEHSt und MSR: Da fängt man ja automatisch an zu rappen! Aber was klingt wie ein Song der „Fantastischen Vier",[3] ist ineffizienter regulativer Unfug. Und folgt damit konsequent der Linie, die mit den CO_2 Grenzwerten bei Fahrzeugen eingeschlagen wurde.

Meiner Meinung nach sollten wir im Sinne der Kontinuität weitere Bereiche neu überdenken. Nach der Logik der CO_2 Grenzwerte müssten zum Beispiel beim Verkauf von Zigaretten keine Strafsteuern erhoben werden, sondern lediglich der Schadstoffausstoß pro Zigarette limitiert werden und jährlich leicht sinken. Außerdem sollte ein flächendeckendes Schnellladenetz für E-Zigaretten installiert werden. Weiter sollten Gaststätten den Fiskus nicht mehr in Form von Steuerabgaben am Gewinn teilhaben lassen, sondern Zapf-Zertifikate ersteigern, die man beispielsweise über ein Portal namens beerbay.de oder ähnlich anbieten könnte. Und wie wäre es, wenn wir den Alkoholgehalt von Jägermeister schrittweise senken würden, um Alkoholmissbrauch zu vermeiden? Man könnte dann natürlich, analog zur Einführung der CO_2 Grenzwerte für PKW, zunächst einen Korrekturfaktor für die Flaschengröße einführen, damit die Freunde großer Flaschen nicht zu stark belastet werden. So ist es bei den CO_2 Grenzwerten

---

[1] Bundesministerium für Umwelt, Naturschutz, Bau und Reaktorsicherheit: Klimaschutz in Zahlen 2015. S. 41
[2] Bundesministerium für Umwelt, Naturschutz, Bau und Reaktorsicherheit: Klimaschutz in Zahlen 2017. S. 61
[3] Ja, ein uralter Song der Fantastischen Vier: „MfG" von 1999. Aber trotzdem sehr gut; damals wurde noch gerappt, ohne zu beleidigen. Echt! Hören Sie nochmal rein:
https://www.youtube.com/watch?v=uUV3KvnvT-w

schließlich auch der Fall, um den Markt mit schweren, ineffizienten Fahrzeugen nicht zu stören.[1]

Neue politische Ansätze sind auf jeden Fall notwendig, um die vorhandenen technologischen Möglichkeiten clever zu nutzen und neue zu erschließen. Ansonsten ist die weltweit anerkannte Selbstverpflichtung, die anthropogene Klimaerwärmung auf maximal 2 °C im Vergleich zum vorindustriellen Niveau zu begrenzen, nicht zu halten.[2] Ich selbst habe Erfahrungen mit solchen Selbstverpflichtungen gesammelt: Ich hatte einmal das Ziel, mein Studium innerhalb der Regelstudienzeit zu beenden. Nach 15 Semestern Studium kann ich sagen: Eine solche Selbstverpflichtung ist ohne sinnvolle flankierende Maßnahmen, wie das Schreiben von Klausuren, wenig wert. Vielleicht hätte mir im Studium sogar die Begrenzung des Alkoholgehalts von Jägermeister minimal geholfen.

In Erwartung der nächsten politischen Ideen möchte ich bereits ausdrücklich die folgenden Maßnahmen ausschließen:

- Die klar definierte „Obergrenze" von 2 °C ist eine der ganz wenigen sinnvollen und völkerrechtskonformen Obergrenzen. Eine erneute Diskussion der Obergrenze, wie sie in der Flüchtlingsfrage 2017 von der CSU beispielsweise permanent betrieben wurde, oder eine Um-

---

[1] Die EU-Verordnung zur Verminderung der CO_2 - Emissionen von Personenkraftwagen.
http://www.bmub.bund.de/fileadmin/bmu-import/files/pdfs/allgemein/application/pdf/eu_verordnung_co2_emissionen_pkw.pdf, S. 2f
[2] Ich weiß, ich halte selbst wenig von diesen Szenarien. Trotzdem: So falsch können die Forscher des IPCC gar nicht liegen, dass wir einfach so weitermachen wie bisher, und trotzdem noch das Zwei-Grad-Ziel einhalten können.

benennung der Obergrenze in „atmender Deckel“, bringt uns keinen Schritt weiter.[1]

- Es ist nicht möglich, die Staatsgrenzen für das Klima zu schließen und im Zweifel auf das CO_2 zu schießen. CO_2 war bereits auf Wanderschaft, bevor Schengen und Dublin von Orten zu Gesetzen wurden.[2]
- Ein Ausstieg aus dem Weltklima („Klexit“) ist ebenfalls nicht möglich.

Unabhängig von politischen Randbedingungen haben Ökonomen längst berechnet, wie viel die Begrenzung des anthropogenen Temperaturanstiegs auf 2 °C bis 3 °C kosten würde. Eine der interessantesten und viel beachteten Studien ist dabei

---

[1] Nach einem Monate langen Streit zwischen dem König von Bayern und späteren Innenminister, Horst Seehofer (auch "Vollhorst") sowie so ziemlich allen anderen, wurde im Hinblick auf die Bundestagswahl die Obergrenze für Flüchtlinge in "Atmender Deckel" umbenannt. Es bleibt unklar, warum man Horst Seehofer nicht erklären konnte, dass eine starre Obergrenze schlicht gegen die UNO Flüchtlingskonvention von 1951 verstößt, die in unserem Grundgesetz verankert ist. Immerhin hat er sich bei der Verkündung des atmenden Deckels klar zum Grundgesetz bekannt – was gleichzeitig paradox und besser als erwartet ist. Ich habe mich als Autofahrer sofort nochmal zur StVO bekannt und die Geschwindigkeitsbegrenzungen als atmende Deckel definiert. https://www.tagesspiegel.de/politik/einigung-zur-obergrenze-wie-die-union-die-asylpolitik-aendern-will/20431980.html; 02.03.2018

[2] Sie werden vielleicht bemerkt haben, dass sich dieser Punkt auf die AfD bezieht, die am liebsten die Grenzen mit allen Mitteln (grundgesetzwidrig) abschotten möchte und gleichzeitig in ihrem Parteiprogramm den Klimawandel leugnet. Ignoranz und Dummheit sind auch Werte, auf die man eine politische Linie begründen kann. Gut, dass es die AfD noch nicht lange gibt, denn ich mag die kulturelle Vielfalt, die sich in Deutschland in den letzten Jahrzehnten entwickelt hat. Ich gehe gerne indonesisch, libanesisch oder türkisch essen – wut bürgerliche deutsche Küche mit „Blutwurst“ oder „Haxe kaputt“ bekommt mir hingegen gar nicht.

der so genannte „Stern Review"[1], den ein Team um Nikolas Stern erarbeitet hat. Nikolas Stern war mal Chef-Ökonom der Weltbank und hat dann für das Stern-Review auf Öko-Hippie umgeschult. Noch so eine Projektion, die sich wahrscheinlich als falsch herausstellen wird – und trotzdem ist sie eine wichtige und wissenschaftlich fundierte Größe, an der wir uns orientieren sollten.

Die schlechte Nachricht des Reports: Es wird verdammt teuer. Wenn wir die Rettung des Klimas ernst meinen, müssten wir direkt beginnen und noch dieses Jahr weltweit etwa 800 Milliarden US$ in den Klimaschutz investieren.[2] Wenn wir diese Last gerecht nach der Wirtschaftsleistung, gemessen am Bruttoinlandsprodukt, verteilen würden, müssten wir Deutschen davon etwa 36,6 Milliarden US$ übernehmen, also etwa 30 Milliarden €. Diese Zielmarke wurde übrigens im Jahr 2010 durch Investitionen in regenerative Energien (insgesamt 25,3 Milliarden €) schon fast erreicht, leider spricht der Erfolg allerdings nicht für die Effizienz der Investitionen.[3] Außerdem sind die Anstrengungen seitdem kontinuierlich gesunken, zuletzt auf 12,2 Milliarden €. Zum Vergleich: Für Panzer und Flinten beträgt der Jahresetat etwa 37 Milliarden €, wobei sich Deutschland verpflichtet hat, diesen auf 55 Milliarden € zu

---

[1] N. Stern: The Economics of Climate Change: The Stern Review. Cambridge University Press, 2007.
[2] Laut Stern-Report erfordert der Klimaschutz Kosten von etwa 1 % des Bruttoinlandprodukts, das weltweit bei etwa 80 Bio. USD (https://de.statista.com/statistik/daten/studie/159798/umfrage/entwicklung-des-bip-bruttoinlandsprodunkt-weltweit/; 17.01.2018) liegt, in Deutschland bei etwa 3,65 Bio. USD (https://de.statista.com/statistik/daten/studie/157841/umfrage/ranking-der-20-laender-mit-dem-groessten-bruttoinlandsprodukt/; 17.01.2018).
[3] Bundesministerium für Umwelt, Naturschutz, Bau und Reaktorsicherheit: Klimaschutz in Zahlen 2017. S. 53

steigern.[1] Es gibt nämlich nicht nur ein Zwei-Grad-Ziel, sondern auch ein Zwei-Prozent-Ziel: Zwei Prozent des Bruttoinlandprodukts sollten laut der NATO für Rüstung ausgegeben werden. Die notwendigen Ausgaben zur Rettung des Klimas entsprechen einem Prozent des Bruttoinlandsprodukts. Welches Ergebnis erwarten wir eigentlich, wenn wir doppelt do viel Geld für das Zerstören der Welt ausgeben als für die Rettung? Außerdem haben wir noch ganz andere Probleme: Niemand weiß, „wo die vielen Flugzeugträger untergebracht werden sollten, die die Bundeswehr künftig kaufen müsse, um ihre Haushaltsmittel auszugeben".[2] Aber wenn wir lieber zwei Prozent für Rüstung statt ein Prozent für Klimaschutz ausgeben, dann sollte der Meeresspiegel ausreichend steigen, um zumindest dieses Problem zu lösen. Und zum Tanken schicken wir die Flugzeugträger dann in den Golf von Mexiko! Das „Beseitigen" der dortigen Sauerei (also das Unter-den-Teppich-Kehren des Ölteppichs) hat übrigens insgesamt etwa 36 Milliarden € gekostet, also mehr als der notwendige deutsche Jahresetat für den Klimaschutz. Der angenehme Nebeneffekt von Klimaschutz: Bei einem erfolgreichen Ausstieg aus fossilen Brennstoffen brauchen wir uns irgendwann keine Gedanken mehr über Ölkatastrophen machen.

Schauen wir aber finanziell noch genauer hin. Auf gut 82 Millionen deutsche Bürger gerechnet ergäbe sich ein Beitrag von 365 € pro Person und Jahr, genau ein Euro am Tag. Mit anderen Worten: Wer den allmorgendlichen Coffee-to-go im Einwegbecher weglässt und stattdessen das Geld in Klimaschutz investiert, vermeidet Müll und rettet das Klima. Alternativ kann man auch das Feierabendbier in der Kneipe streichen;

---

[1] J. Leithäuser: Die Munition geht nicht aus – Zwei Prozent Ziel der Nato. http://www.faz.net/aktuell/politik/deutschland-soll-zwei-prozent-ziel-der-nato-erfuellen-15365727.html; 26.02.2018
[2] Sigmar Gabriel, 2017, gemäß dem oben stehenden FAZ Artikel

je nachdem zu welchem Preis man es trinkt, rettet man das Klima schon doppelt bis dreifach. Falls es die von mir vorgeschlagenen Zapf-Zertifikate geben sollte, könnten die Preise hier aber bald sinken. Bedenken Sie dann jedoch, dass das Bier nicht gesund sein könnte: Mikroplastik.

Nun die noch schlechtere Nachricht des Stern-Reviews: Falls uns der Coffee-to-go oder das Bier so sehr am Herzen liegen, dass wir das Klima dafür über die Planke springen lassen, kommt uns das im Endeffekt noch teurer: Etwa das fünffache dürften uns die Folgen des Klimawandels kosten, wenn wir nichts unternehmen. Fünf Coffee-to-go am Tag? Das dürfte einem schon ziemlich zu Kopfe steigen.

Ein besonderes Anliegen formuliert Nicholas Stern in seinem Stern-Review noch. Einer der Schlüssel zum Klimaschutz liege in der Information und Sensibilisierung der Öffentlichkeit, so dass Druck auf die nationale und internationale Politik ausgeübt werden kann. Dieses Anliegen greife ich in meinen ScienceSlams und somit auch in diesem Buch auf. Ich möchte Sie einladen, genauso zu verfahren und den Umwelt- und Klimaschutz auf diese Weise zu unterstützen. Vielleicht schaffen wir es, ein Schneeballsystem zu kreieren, welches den Schneeball in unseren gemäßigten Breiten erhält, damit wir uns nicht mit 650 Kölsch pro Quadratmeter und fünf Coffee-to-go betrinken müssen.

Und jetzt?

Jetzt sind Sie wahrscheinlich müde. Sie haben sehr viele Seiten gelesen voller Zahlen, Vergleichen, Schlussfolgerungen und mehr oder weniger pointiertem Blödsinn. Ich fasse wegen dieser Vielzahl an Erkenntnissen hier noch einmal alles anhand einiger Personen zusammen:

- Nietzsche, ein obszöner Philosoph, hat Angst um unseren Schwanz, wenn wir nicht mehr für den Umweltschutz tun.

- Rudi Carrell, ein niederländischer Hobbymeteorologe, meint, dass Regen zum Sommer dazu gehört. Allerdings kann ein wärmeres Klima dafür sorgen, dass Schwiegermutter und Unwetter mit mehr Wumms vorbeikommen. Sie dürfen frei entscheiden, welches die größere Katastrophe ist.

- Opa Klima, ein nuschelnder alter Herr mit ewig langweiligen Geschichten, freut sich, dass Hummer und ähnliche SUV richtig Schwung in seine endlos lange Klimageschichte gebracht haben. Dank positivem Feedback kommt die Klimaerwärmung jetzt richtig in Fahrt. Des einen Freud ist der andere leid: Der rasante CO_2- und Temperaturaufschwung nerven die Ozeane so sehr, dass sie sauer werden. Und der „echte" Hummer gleich mit.

- Franz Beckenbauer, ifo Institut, Dieter, Bill Gates und Wilhelm Gottlieb Daimler haben es vergeigt. Sie und andere haben mit ihren Prognosen gezeigt, wie man *nicht* die Zukunft vorhersagt. Damit sind sie quasi Anti-Idole des Weltklimarates IPCC geworden, der die Zukunft des Weltklimas äußerst vorsichtig in Szenarien projiziert. Irgendeines der vielen Szenarien wird wohl eintreten. Für uns und Nietzsche wäre es schön, wenn es nicht das schlimmste wäre.

- Mutter Erde, unangefochtene Tupper-Königin, hat Sonnenenergie eingetuppert. Und jetzt geht es ans Eingemachte, denn zu gerne bedienen wir uns an Mutters Vorräten. Es macht zwar etwas Mühe und Sauerei, das alles aus der Erde zu wühlen. Aber es schmeckt bei Mama einfach viel besser als in der Mensa. Als Nebeneffekt dieser Tupperwirtschaft emittieren wir derzeit CO_2, welches vor Millionen Jahren eingelagert wurde mit einer Geschwindigkeit, die selbst schlaue Köpfe wie Svante Arrhenius niemals erahnt hätten.
- Kioskbesitzer, immer zur Stelle wenn wir Hunger haben, bieten fantastische Leckereien aus Mutter Erdes Tupperdosen an und versichern, dass der ganze Keller noch voll davon ist. Ständig erschließen sie neue Lagerstätten, so dass von Verknappung keine Rede sein kann. Und was zur Hölle sollen Diabetes und Adipositas sein?
- Charles Darwin, ein britischer Automobilforscher, hat früh den Siegeszug von SUV vorher gesehen und stichhaltig begründet – „Survival of the fattest." Generationen von Fahrzeugingenieuren wurden von ihm inspiriert und haben sich an der Quadratur des Kreises versucht. Leider vergeblich, denn auch moderne Autos verbrauchen unanständig viel Energie.
- Ayrton & Perry, zwei englische Kutscher, haben elektrische Heckklappen zu einem Elektroauto weiter entwickelt, noch bevor die Heckklappe selbst erfunden wurde. Sie waren ihrer Zeit weit voraus. Das CO_2 Problem haben die beiden aber weder geahnt noch gelöst. Elektroautos sind derzeit nicht sehr vorteilhaft. Arnold Schwarzenegger, österreichisch-kalifornischer Elektrokutscher, hat das noch nicht verstanden.
- Nikolas Stern, britischer Zahlenjongleur mit Hang zum Hippie, hat empfohlen, jedes Jahr fast so viel Geld für

die Rettung der Welt auszugeben, wie für Flinten oder
Kaffee. Hippie eben.

Nach dieser Darstellung der weltweiten Umweltprobleme und
der politischen und technischen Antworten scheint klar, dass
alles den Bach runter gehen wird (so wie der Plastikmüll).
Nietzsches Schwanz zittert bereits vor Angst.

Diese Schlussfolgerung liegt natürlich zum Teil an meiner
kabarettistischen Darstellung, die gerne übertreibt und schwarz
malt. Obwohl ich zugeben muss, dass ich bei der Recherche
der Zahlen selten den Eindruck hatte, dass ich übertreiben
müsste. Die Darstellung der schieren Größenordnung reicht
völlig aus. Dennoch möchte ich den zweiten Aspekt, die
Schwarzmalerei der Zukunft, nicht weiter verfolgen.

„Wir leben auf einem Niveau, um das uns 90 % der Menschen
beneiden, inklusive unserer eigenen Eltern und Kinder."[1] Und
wir besitzen alles Wissen und alle Technologien, um die Entwicklungen um uns herum zu sehen, zu bewerten und gegenzu-
steuern. Im „Spiegel" gibt es die Serie „Früher war alles
schlechter", um positive Entwicklungen aufzuzeigen. Beispielsweise ist die Alphabetisierungsrate der Menschheit innerhalb der letzten 200 Jahre von knapp 20 % auf über 80 % gestiegen. Gleichzeitig hat die Menschheit ihren Reichtum ver-
hundertfacht bei insgesamt gleichmäßigerer Verteilung. Trotz
gegenteiliger Wahrnehmung sind derzeit auch Demokratien auf
dem Vormarsch, und die Gefahr in Kriegen umzukommen, ist
über zehnmal geringer als noch vor 65 Jahren.[2] Und bevor Sie
nachrechnen: Da war der Zweite Weltkrieg bereits vorbei.

---

[1] Dieser Satz stammt vom großartigen Volker Pispers.
[2] „Alles wird besser, und er kann's beweisen" Spiegel-Gespräch mit
Harvard-Psychologe Steven Pinker. Spiegel 8/2018, S. 58 ff.

Positive Veränderungen können rasant umgesetzt werden, wie die Beispiele zeigen. Wir müssen es nur anpacken, statt in Untätigkeit andere für unser Nichtstun verantwortlich zu machen („Die Amerikaner emittieren aber so viel...“). Die notwendigen Technologien stehen zur Verfügung und sind – im Vergleich gesehen – nicht teuer. Wer würde denn leiden, wenn wir unseren Rüstungsetat in Windräder investieren würden? Wäre doch zum Schießen, wenn Soldaten im Home-Office mit Hilfe der jüngst angeschafften unbemannten Flugdrohnen Windräder montieren würden. Dann stünde vielleicht schon in zwanzig Jahren ausreichend regenerativer Strom zur Verfügung, um Elektroautos sinnvoll zu betreiben. Und, wenn Sie unbedingt wollen, sogar mit elektrischer Heckklappe. Dann können sich die Soldaten auch von mir aus wieder Ihren Kanonen widmen – am liebsten wären mir Schneekanonen, betrieben mit Ökostrom.

Bleibt nur noch die Frage, was Sie jetzt tun können. Nichts, da Sie zu wenig Einfluss auf Politik, Industrie und Gesellschaft haben? Weit gefehlt. Hier eine kleine Entscheidungshilfe.

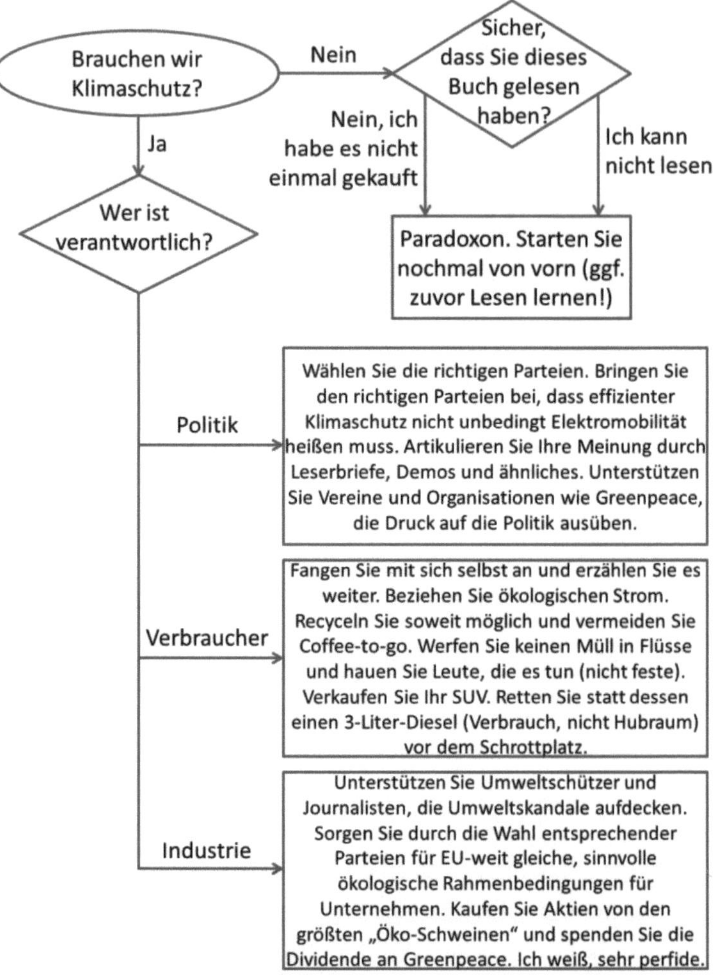

Keine Ausreden mehr. Egal wer in der Pflicht ist, es gibt immer was zu tun. Jippijajajippijippijea.

Los geht's. Es geht um nichts weniger als eine der größten Umwälzungen in der Geschichte der Menschheit,[1] denn unsere  Energiebasis ist seit jeher das Verbrennen von Dingen. Egal ob zum Kochen, Heizen oder Hummer fahren, es wurden und werden stets Dinge verbrannt. Mit anderen Worten: die gesamte Menschheit muss sich das Rauchen abgewöhnen. Sie wissen vielleicht, wie schwer das ist. Ansonsten steht allerdings eine der größten Umwälzungen in der Geschichte des Planeten an, und eine der schnellsten dazu. Eine riesige Umwälzung wird es also auf jeden Fall geben. Und wir können uns (noch) aktiv entscheiden, ob wir den Dampfer steuern oder nur orientierungslos mitfahren.

Willkommen an Bord.

---

[1] Dieser Satz bringt eine gewisse Festlichkeit zum Ende des Buches in die Sache, finde ich. Klingt episch und theatralisch, ändert aber nichts am Fakt, dass wir uns diesen Wandel locker leisten können.

Erwischt![1]

---

[1] Ich hatte Ihnen doch anfangs erklärt, dass Sie nicht die letzte Seite zuerst lesen sollen. Jetzt fangen Sie bitte wirklich vorne an zu lesen! Keine Tricks mehr!